神圣之美

欧洲教堂艺术

神圣之美

欧洲教堂艺术

[德] 罗尔夫·托曼 编著

[德] 芭芭拉·博恩格塞尔 撰文

[德] 阿希姆·贝德诺尔茨 摄影

郭浩南　杨声丹　译

华中科技大学出版社
http://www.hustp.com

有书至美
BOOK & BEAUTY

中国·武汉

目录

11 从巴塞尔到克桑滕
莱茵河流域的教堂建筑

49 从吕贝克到格但斯克
波罗的海地区的砖砌哥特式与罗马式风格教堂

77　从莱比锡到库特纳霍拉

萨克森和波希米亚的宗教场所

103　从圣加仑到维也纳

阿尔卑斯山麓地带的巴洛克和洛可可风格

139 从科莫湖到拉文纳

基督教艺术的第一个千年

179 从佛罗伦萨到威尼斯

文艺复兴的标志性建筑

213 从罗马到佩鲁贾

教堂历史上的重要地点

255 从韦兹莱到普瓦捷

勃艮第、奥弗涅和法国的南部以及西部的罗马式建筑

297 在巴黎的市内和周边
位于法国中心的哥特式教堂

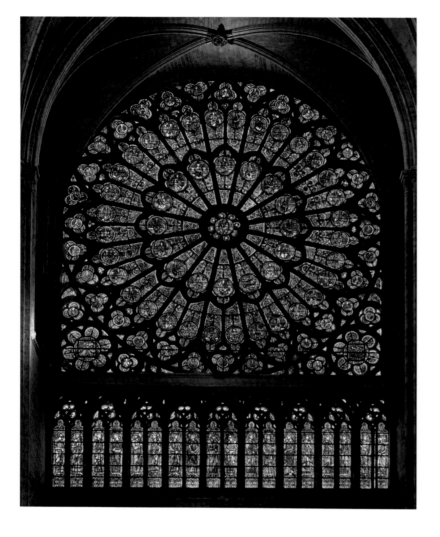

331 巴塞罗那及其周边
加泰罗尼亚地区教堂建筑的变迁

363 伦敦及其周边

英国的中世纪教堂

荷兰

德国

克桑滕

阿尔滕贝格

科隆

亚琛

波恩

马利亚·拉赫

美因茨

沃尔姆斯

施派尔

法国

斯特拉斯堡

弗莱堡

巴塞尔

瑞士

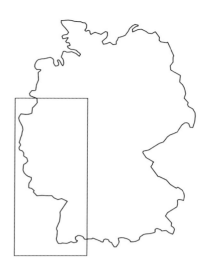

从巴塞尔到克桑滕

莱茵河流域的教堂建筑

　　几千年来，莱茵河（Rhine）作为欧洲尤为重要的河流之一，穿越了西方文明的腹地，将阿尔卑斯山（Alps）与北海（North Sea）相连。莱茵河长约1320千米，它可以说是由罗马人界定的南欧、西欧地区以及受日耳曼势力影响所形成的地区之间的界线。我们可以发现莱茵河沿岸的大多数城市都位于其左岸（即西岸），这并非巧合。因为早期的基督教主教辖区（Bishoprics）往往跟随罗马军营（Roman Camps）建立，而这些辖区日后则逐渐发展为中世纪的贸易中心。

　　中世纪是莱茵河谷及其周边地区发展的黄金时代，位于亚琛（Aachen）的查理曼（Charlemagne）宫殿，见证了这里逐渐成为"新罗马"（Nova Roma）的历程，同样也见证了一代又一代的神圣罗马皇帝们（the Holy Roman Emperors）对罗马式大教堂建设所做出的贡献，如美因茨大教堂、沃尔姆斯大教堂以及施派尔大教堂（Cathedrals of Mainz, Worms, and Speyer），这些罗马式大教堂最终成为皇室成员的安息之所。而在传统习俗上，莱茵河上游地区仍然受当地哈布斯堡（Habsburg）和霍恩施陶芬（Hohenstaufen）王朝的影响，科隆（Cologne）地区则与萨克森（Saxony）家族的统治者们密切相关。

　　在中世纪晚期，民间团体的势力不断增强，甚至经常会发生对神职人员的抗议。例如，主教和市民之间就曾针对斯特拉斯堡（Strasbourg）和科隆的哥特式大教堂建筑的外观和装饰问题展开了激烈的争论，这些争论对当时的建筑发展产生了积极的影响。这一时期建造

的教堂之所以能成为欧洲建筑中的精粹，很大程度上要归功于这场冲突。科隆大教堂在某种程度上可以被视为融合了法兰西岛（Île-de-France）地区各教堂风格而建成的教堂。然而不幸的是，科隆大教堂的建筑工作在16世纪曾突然中止，直到19世纪才得以竣工，不过这恰好又引发了新哥特式风格（Neo-Gothic style）的涌现。

　　弗莱堡（Freiburg）和巴塞尔（Basel）大教堂精致的塔楼结构是在14和15世纪建造而成的，这被视作晚期哥特式风格的独特典范，而两座大教堂之所以能够有如此高的艺术水准，要归功于当时工匠们代代相承的家族传统和杰出技艺。其中著名的家族和建筑师诸如恩森根家族（the Ensingens）、帕勒家族（the Parlers），以及科隆的汉斯（Hans）和西蒙（Simon）等人都在现代建筑时代来临之前参与了大教堂的建造工作。这些建筑师们时常往来于布拉格（Prague）、布尔戈斯（Burgos）等多个相距甚远的大城市之间工作，从而促进了晚期哥特式建造技术和建筑风格在欧洲的传播。

　　在众多宏伟的大教堂、修道院和教区教堂中，建于12世纪中叶的波恩施瓦兹双体教堂（Double Chapel of Schwarzrheindorf）则展现出了独特的风格，它最初是伯爵阿诺尔德·冯·威斯（Count Arnold von Wies，后来他成为科隆大主教）的私人小教堂，而建造这座宏伟、华丽建筑的初衷是为了与城堡和宫殿所拥有的华丽装饰相匹配。

巴塞尔大教堂
Basel，Minster

从遭受自然灾害到灾后重建，再到新建筑的兴起，这一过程见证了巴塞尔大教堂丰富而厚重的建筑历史。建造于1180年之后的圣加鲁斯之门（St Gallus door），是晚期罗马式建筑结构的一部分。建筑师乌尔里希·冯·恩森根（Ulrich von Ensingen）从1421年起参与大教堂尖塔的建造工程，而教堂内部华丽的晚期哥特式讲坛则在1486年由汉斯·冯·努斯多夫（Hans von Nussdorf）建造。

    这座晚期罗马式红砂岩教堂，是自公元9世纪此处修建早期教堂建筑以来，在其原址上建造的第三座教堂建筑。它始建于1180年至13世纪20—30年代之间，但在1356年的一次地震中，它遭受了较为严重的损坏，五座巨型塔楼和多处拱门在地震中坍塌。后来出生于工匠世家的建筑师约翰·帕勒（Johann Parler）[1]组织了教堂的重建工作。1431至1449年间，历史上非常重要的巴塞尔会议（Council of Basel）就在此教堂中举行，这次会议引发了教会的第二次分裂。

---

1 译者注：老约翰·帕勒（Johann Parler the Elder）是弗莱堡大教堂的建造者和巴塞尔大教堂的重建领导者。他的侄子小约翰·帕勒（Johann Parler the Younger）同样是一名建筑师，主持建造了布拉格圣维特大教堂（St Vitus Cathedral），这里的"约翰·帕勒"指的是老约翰·帕勒。

弗莱堡大教堂

Freiburg，Minster

　　12世纪晚期，巴塞尔的主要建筑师们监督指导了弗莱堡大教堂的建造。它最初被设计为晚期罗马风格，然而这种设计构思很快就被否决了，而最终呈现在人们眼前的是一座现代哥特式风格的建筑，并在13世纪又经过了多次修改。造型独特的教堂外立面塔楼始建于1258年前后，而晚期哥特式风格的圣坛则是在14世纪中叶依照老约翰·帕勒的设计建造的。圣坛中精致的装饰与汉斯·巴尔东·格里恩（Hans Baldung Grien）创作的精美多翼式祭坛画相互辉映。巴尔东生动的画面表现力和对色彩的巧妙运用，使该祭坛画成为16世纪早期德国艺术的代表作品。

这座建成于12世纪的教堂是弗莱堡的地标性建筑，从1827年开始，它便成为教区的主教座堂。

下图：教堂外立塔；第15页图：晚期哥特式圣坛（始建于1354年）；第16—17页图：汉斯·巴尔东·格里恩创作的主祭坛画（1512—1516年），中间面板呈现的是圣母加冕。

斯特拉斯堡大教堂
Strasbourg，Minster

斯特拉斯堡大教堂的圣坛和耳堂（教堂的十字型翼部）属于晚期罗马式建筑风格，但始建于1240年的大教堂中殿是新哥特式风格。

右图：教堂内部中殿；下图：耳堂外部；第19页图：教堂西立面（1277年建成）；第20—21页图：主入口上方的拱形顶饰。

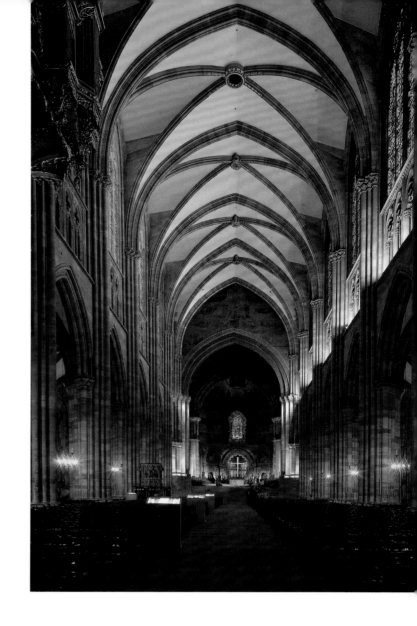

在1284年，位于阿尔萨斯（Alsace）的斯特拉斯堡大教堂是神圣罗马帝国（Holy Roman Empire）境内很有特色的大教堂。它的外观和装饰很容易让人联想到位于巴黎的圣德尼修道院新教堂（Abbey Church of St Denis），因为这两座建筑都有连续的簇状支撑柱、拱门上方的拱廊和有窗饰的窗户。事实证明，让哥特式风格的中殿与晚期罗马式十字型翼部完美地混搭成功，是一次非常有难度的挑战。

在教堂的中殿完成后，建筑大师埃尔温·冯·施泰因巴赫（Erwin von Steinbach）设计修建了宏伟的教堂西立面。尽管关于教堂后续的设计和建造是否归功于埃尔温至今仍存在争议，但歌德（Goethe）确曾写过一篇文章纪念他对这座教堂做出的贡献。

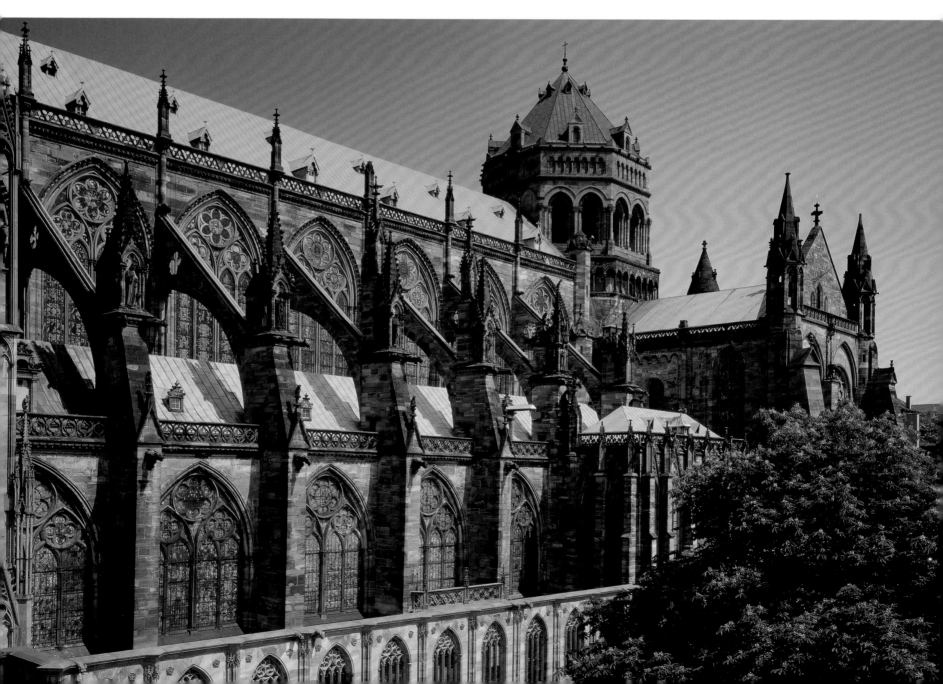

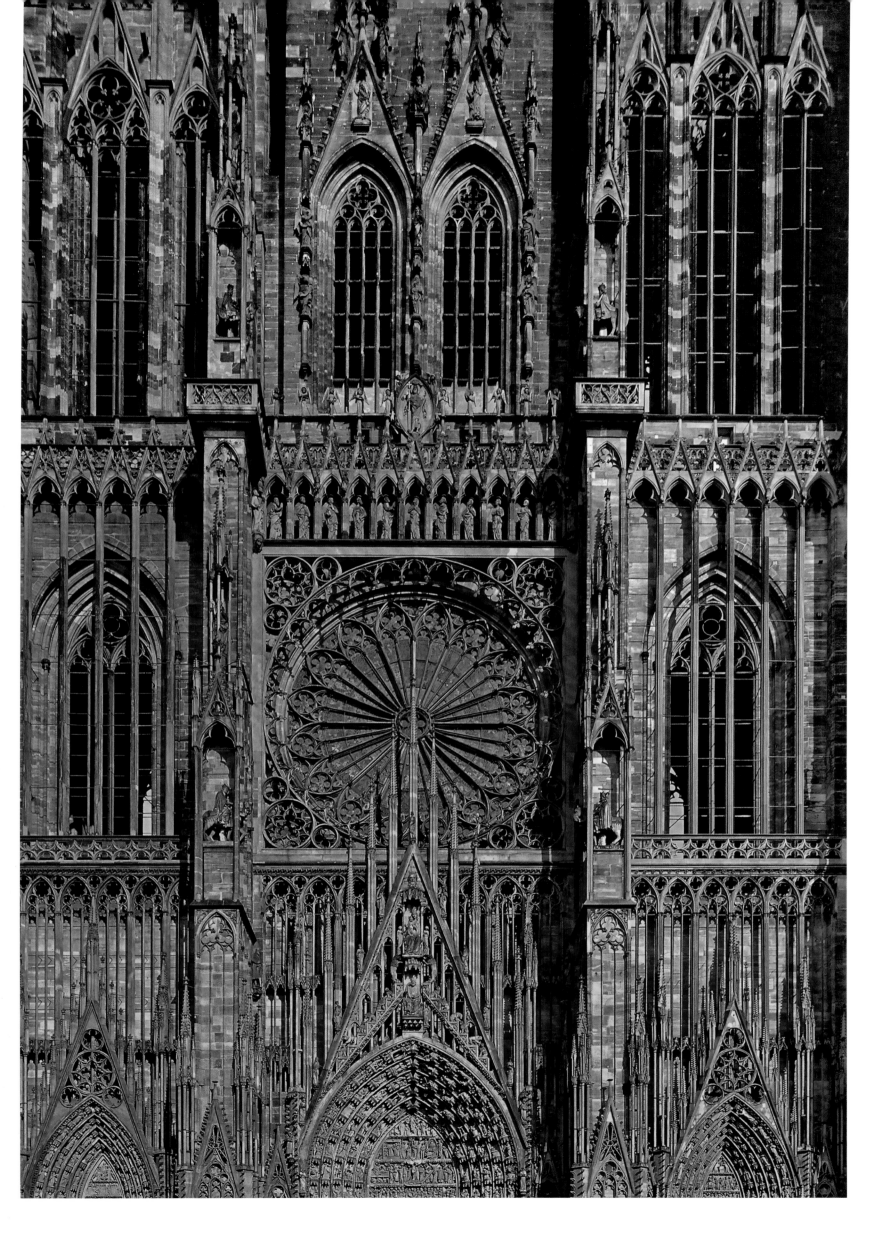

施派尔大教堂
Speyer，Cathedral

从10世纪开始，萨利安王朝（Salian dynasty）的贵族们就被安葬在今天施派尔大教堂的前身。大约在1030年，萨利安家族出现了德国君主，即康拉德二世（Conrad II），他下令重建主教教堂，并于1041年祝圣。几个世纪以来，这座教堂一直都是安葬皇帝和国王们遗体的地方。

左下图：教堂中殿；右下图：教堂地下室；第23页图：教堂建筑整体外观（建于1030—1061年和1082—1106年）。

施派尔大教堂的正式名称为"圣母升天和圣司提反圣殿皇帝主教座堂"（Cathedral of St Mary and St Stephen），它在当时是帝国皇权的象征，在德国中世纪的艺术史上也占有重要地位。大教堂凭借其庞大的体量和令人印象深刻的拱顶，成为君主委托建筑工程的典范之作。美因茨大教堂和沃尔姆斯大教堂的建造都借鉴了施派尔大教堂。施派尔大教堂的早期建筑工程主要分两个阶段：1030—1061年是第一阶段，即

"施派尔一期"（Speyer I），建设的内容包括十字型整体建筑结构、巨型中殿、十字型翼部和塔楼群；1082—1106年是第二阶段，即"施派尔二期"（Speyer II），对教堂进行了扩建，保留了老教堂的地下室、交叉支柱和中殿，教堂的顶部得到抬升，并装饰了新拱顶，同时翻新了教堂四周的墙壁，以匹配抬升的拱顶。

沃尔姆斯大教堂
Worms, Cathedral

沃尔姆斯大教堂见证了许多重大历史事件，例如1122年《沃尔姆斯宗教协定》（Concordat of Worms）的签订，这一协议结束了教皇与皇帝之间关于主教叙任权之争。教堂的主体曾于1130年翻新，设计精巧。1181年，沃尔姆斯大教堂在经历第三次改造后得以祝圣。

左下图：教堂西面圣坛（具有典型罗马晚期装饰风格）；右下图：教堂南侧入口处于1300年打造的世界女士（Frau Welt）雕像（世俗的象征）[1]；第25页图：圣安妮礼拜堂（Chapel of St Anne）内创作于12世纪的两处浮雕：《先知哈巴谷与天使》（Habakkuk with the Angel）、《狮子洞中的丹尼尔》（Daniel in the Lions' Den）。

---

1 译者注：在中世纪的德语文学中，来历不明的女子统称为"X女士"（Frau X），其中X可以是爱情（Minne）、奇遇（Aventiure）、世界（Welt）等。不过"世界女士"往往是负面形象，其原因要追溯到古希腊时期：古希腊哲学对生死的考量是悲观的，即生命是一种惩罚，存在于尘世间即是受苦。所以世界女士的形象大多正面光彩照人，而背面则爬满了毒蛇和蟾蜍，象征着尘世间的虚伪和无常。

公元1000年左右，布尔夏德主教（Bishop Burchard）下令建造奥托圣彼得教堂（Ottonian Church of St Peter），随后在1020年，一座新建筑在此教堂基础上兴建，即沃尔姆斯大教堂。沃尔姆斯大教堂是由霍恩施陶芬的统治者主持建造的，沿袭了施派尔大教堂的风格，但规模较小。其中教堂西面的圣坛装饰精美：墙壁被深龛和矮廊断续分割开来，玫瑰窗装饰了教堂的内部。沃尔姆斯大教堂的建筑雕塑结合了罗马式、盛期哥特式和晚期哥特式三种风格。更引人入胜的是圣安妮礼拜堂中的浮雕，这些浮雕从之前的南门移至此处，表现了先知哈巴谷和丹尼尔的事迹。

美因茨大教堂
Mainz Cathedral

施派尔大教堂对美因茨大教堂的设计产生了决定性的影响。美因茨大教堂于公元11世纪末至1137年间遵照神圣罗马帝国皇帝亨利四世（Henry IV）的命令建造而成。

第26页图：教堂东立面；上图：带有矮廊的教堂后殿；下图：教堂中殿（19世纪添加了壁画作为装饰）。

位于美因茨的这座罗马式大教堂，属于中世纪非常流行的建筑风格，在1081年的一场火灾之后开始建造，以纪念圣马丁和圣司提反。美因茨大教堂与沃尔姆斯大教堂类似，在外部设计上很大程度沿袭了施派尔大教堂的风格，美因茨大教堂的东立面就是一个典型的例子。施派尔大教堂的母题图案也同样出现在美因茨大教堂的中殿，只不过这种图案在支撑墙和填充墙上的表现有着或多或少的差异。

在19世纪，经历了混乱的战争和非宗教方面的使用后，美因茨大教堂被完整地重修。在重修过程中，教堂东边的圣坛添加了一座全新的罗马式十字塔楼，而中殿的天窗则以拿撒勒运动（Nazarene Movement）的支持者——艺术家菲利普·法伊特（Philipp Veit）创作的壁画作为装饰。

马利亚·拉赫修道院
Maria Laach，Abbey

马利亚·拉赫本笃会修道院的名字来源于其附近的火山口湖——拉赫湖。它始建于1093年，于1156祝圣，是莱茵兰地区（the Rhineland region）罗马式建筑的重要代表之一。

第28—29页图：修道院建筑外观；第29页图：中殿；第30—31页图：创始人墓棺。

这座修道院由亨利二世·冯·拉赫伯爵（Count Palatine Henry II von Laach）资助建造，最初的目的是希望他和妻子死后能安葬在这里，让没有子嗣的两人的灵魂能够在此得到安息。因此，他们资助修建这座修道院并捐赠了大片土地。亨利二世·冯·拉赫伯爵在1095年逝世，但当时修道院的建造却因种种原因停滞了，直到12世纪中叶才又恢复建造。跨度如此长的修建时间，恰好令我们能从修道院外立面的细节上看出莱茵河地区罗马式建筑风格（Rhenish Romanesque Style）的发展历程，从早期的棱角分明，到盛期和晚期精雕细刻的装饰，都给人留下了深刻的印象。在六座高耸塔楼的映衬下，修道院看起来就像一座神圣的堡垒。双圣坛醒目的外轮廓为教堂中殿的外观奠定了基调，中殿顶部为交叉肋拱。教堂的前厅则装饰有神话中的各类生物和魔鬼，令人感觉置身神话世界。

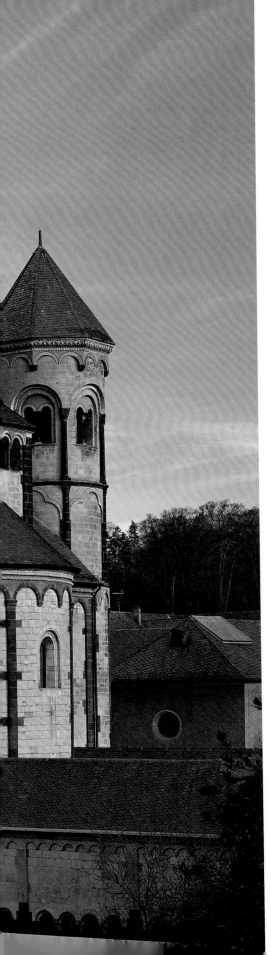

波恩大教堂
Bonn，Minster

像莱茵河地区的许多教堂一样，波恩大教堂建于早期基督教殉道者墓园的位置。教堂建于11—13世纪，海伦娜女皇是这座教堂的创建人之一。

左图：教堂东侧外立面；第33页图：教堂中殿。

　　波恩大教堂前身的圣卡西乌斯和圣弗洛伦特斯修道院（Monastery Church of St Cassius and St Florentius），融合了罗马式和哥特式的建筑元素。教堂的东侧圣坛和侧翼高塔是其中较为古老的部分，保留着早期的拱门和立柱，这种融合风格为该地区的许多其他教堂提供了参考范本。在1166年一次建造仪式中，殉道者们的遗体被转移到高坛上，之后便开始对耳堂和圣坛的改造工程。1220年，罗马式的教堂中殿经历重建，这次重建扩大了教堂的侧面通道，拱顶采用了哥特式的交叉肋拱。

波恩施瓦兹双体教堂
Schwarzrheindorf, Double Chapel

阿诺尔德·冯·威斯伯爵将施瓦兹双体教堂建成了一个宏伟的私人礼拜场所。教堂的一处铭文表明该教堂于1151年祝圣。

上图：教堂顶部描绘各位圣徒的饰带细节可追溯到1170年；右图：教堂外观；第35页图：下层教堂内创作于12世纪中叶的壁画，站在中央可以看到上层教堂。

　　双体教堂同时具有宫殿和城堡的特色，家族成员往往到这个教堂中参加弥撒仪式。上下层之间均通道相连，安魂弥撒仪式会在下层的教堂举行。施瓦兹双体教堂供奉的是圣马利亚（St. Mary）和圣克莱门特（St. Clement）。与同时期的双体教堂类似，教堂最初是一座十字型的建筑，但之后教堂的西边很快得到扩建。双体教堂中保存了部分具有代表性的壁画作品：在下层教堂的壁画展现了先知以西结（Ezekiel）的形象以及圣经《新约》中的场景，上层教堂壁画则表现的是基督、圣徒和教堂创始人的形象。

科隆大圣马丁教堂
Cologne, Gross St Martin

德国科隆大圣马丁教堂是莱茵河畔特别具代表性的建筑之一，这座罗马式风格的建筑是科隆市于1150年经历火灾之后重新建造的。

左图：教堂东侧外观；第37页图：从圣坛看向教堂中殿，可以看到典型的13世纪拱顶结构。

科隆拥有不少于十二个重要的罗马式教堂，这证明了该城市在12世纪后期的繁荣。大圣马丁教堂耸立在莱茵河畔的郊区，这里之前是座罗马式堡垒，教堂的地基就建在一个旧仓库上。教堂建造的第一阶段（包括三叶草圣坛），都是以圣马利亚教堂（Church of St Maria im Kapitol）为蓝本建造的。1185年，教堂的中殿开始建造，后来它经历了数次重修，在19世纪时又添加了模仿中世纪风格的装饰。在第二次世界大战时，教堂遭到破坏，不过经过后来的重修，教堂最初那纯粹的罗马式风格得以再次呈现在世人面前。

科隆大教堂
Cologne, Cathedral

德国科隆大教堂（全称为"圣彼得与圣母大教堂"）是法式盛期哥特式风格教堂中最具代表性的典范。科隆大教堂始建于1248年，但直到1880年才最终完工。

第38-39页图：教堂东侧；右图：1855年由恩斯特·弗里德里希·茨温格（Ernst Friedrich Zwinger）主持建造的南侧耳堂外立面；第40页图：哥特式圣坛；第41页图：建于1198到1225年的三王圣龛（Shrine of the Three Kings）正面。

从浪漫主义的角度而言，科隆大教堂是中世纪建筑风格的缩影。而从建筑史而言，它比法国的教堂更具"法国（浪漫）风情"。我们现在所看到的科隆大教堂，是在几座早期建筑的旧址上建造的。它的建造计划于1164年提出，当时科隆市获得了三王遗物的所有权。然而直到1248年，教堂建筑工程才由大主教康拉德·冯·霍赫施塔登（Conrad von Hochstaden）奠基。著名建筑大师们联合建造的教堂圣坛在1322年得以祝圣，但当时教堂主体的建造还未完成。直到19世纪，耳堂的立面、中殿天窗和大部分西立面才建造完成。或许正是因为如此长的时间跨度，科隆大教堂才成为德国最完美的法式盛期哥特建筑。建筑师们综合了各种方案，在没有任何实验性建造的前提下一气呵成。在这一过程中，亚眠大教堂（Cathedrals of Amiens）、兰斯大教堂（Notre-Dame de Reims）、圣德尼修道院（Abbey of St Denis）以及尚未完工但宏伟壮观的博韦大教堂（Beauvais Cathedral）的高耸中殿均为科隆大教堂的设计方案提供了参考。

亚琛大教堂（巴拉丁礼拜堂）

Aachen, Cathedral with Palatine Chapel

　　亚琛宫的巴拉丁礼拜堂是"加洛林文艺复兴"（Carolingian Renaissance）的缩影，它见证了公元800年左右古代文化的复兴。该建筑的核心是一个圆顶八角形，周围则环绕着十六道双层的走廊。这座建筑的古老风格是建筑家有意为之，教堂内部的装饰风格来自当时意大利罗马和拉文纳（Ravenna）。公元800年，法兰克（Frankish）国王查理曼（Charlemagne）大帝在永恒之城（the Eternal City）加冕为神圣罗马帝国皇帝（这也是他后来的头衔），他将亚琛宫视为"新罗马"，教堂的建造是在当时重要的政治议程中决定的，而由他主持建造的这座教堂，则需要承担多样的职能：它不仅是宫殿礼拜堂、教区修道院教堂和主座教堂，更是神圣罗马帝国合法继承者的皇权的代表。

亚琛大教堂是查理曼大帝的安葬之处，也是这位神圣罗马帝国皇帝的加冕和朝圣之地，它代表了1200多年的欧洲历史。

第42—43页图：教堂建筑群外观，中间的是约公元800年建造的加洛林时期的巴拉丁礼拜堂，左侧是哥特式圣殿（建造于1355—1414年）、中世纪晚期礼拜堂和于14世纪重建的塔楼；上图：巴拉丁礼拜堂内部。

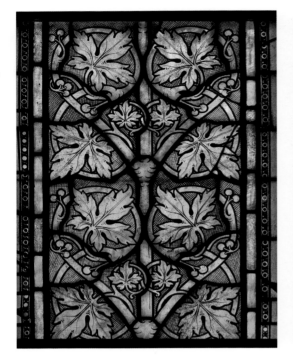  

阿尔滕贝格大教堂
Altenberg, Cathedral

这座令人印象深刻的哥特式修道院教堂于1259年在贝尔吉施地区（Bergisches Land）奠基。

上图：教堂的窗户细节；左图：教堂外部和北侧耳堂外观；第45页图：教堂内景。

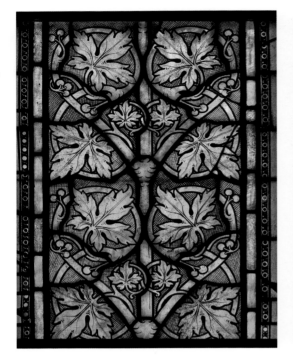

根据西多会（Cistercian Order）的要求，阿尔滕贝格教堂坐落在有着田园风光的山谷中，周围的水源和牧场保障了宗教团体的日常生活起居。教堂沿袭了罗马式的宏大风格，这种宏伟的外观也常常令它被描述为"大教堂"（Cathedral），但从严格意义上来说，"大教堂"这一术语仅限于主教座堂。西多会为阿尔滕贝格教堂的建造制定了很高的艺术标准——教堂三通道的（Three-Aisled）式样借鉴了科隆大教堂等知名建筑的特色，包括唱诗班席玻璃窗的装饰纹样和耳堂富有想象力的内饰细节。克莱尔沃的圣贝尔纳德（Bernard of Clairvaux）是其创始人，他精心策划的"简约"风格成功地呈现在世人面前。

克桑滕大教堂
Xanten, Cathedral

克桑滕大教堂又名圣维克多（St Victor）大教堂，巨大的罗马式双塔立面是当时的教士们权力和财富的证明。这座哥特式教堂始建于1263年，直到16世纪才得以完工。

左图：建于1180—1190年的教堂西立面；第46—47页图：晚期哥特式风格的教堂南侧入口；第47页图：教堂中殿内景。

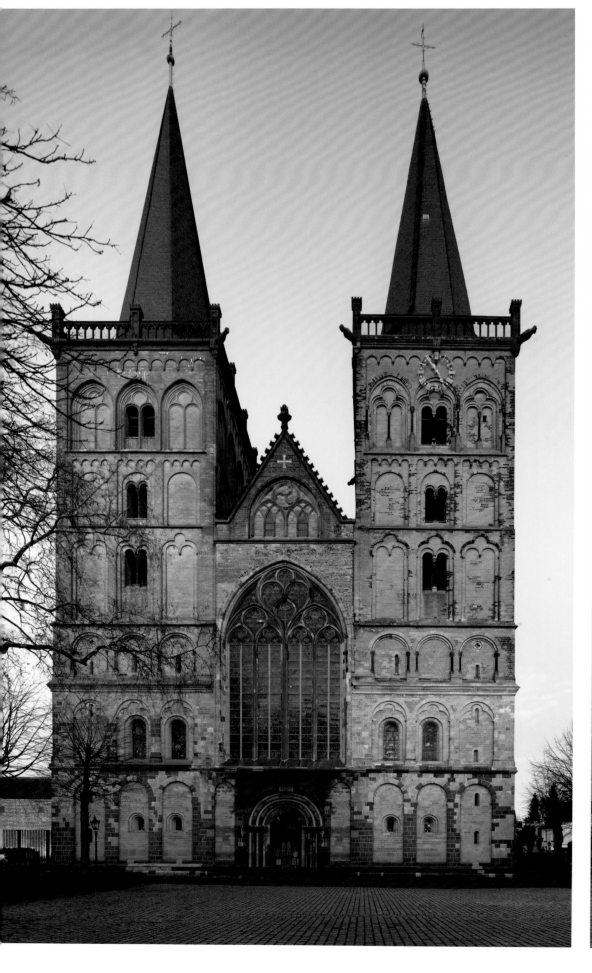

克桑滕大教堂
Xanten, Cathedral

克桑滕大教堂的建造是为了纪念早期的基督教殉道者克桑滕的维克多（Victor of Xanten）。他服役于罗马军底比斯军团（Theban Legion），其成员皆皈依基督教，后被马克西米安皇帝（Emperor Maximian）处死。殉道者在莱茵兰地区倍受崇敬，五通道的哥特式修道院教堂矗立在先烈们的殉道处。教堂西面的建筑风格与霍恩施陶芬王朝密切相关。教堂由科隆大主教康拉德·冯·霍赫施塔登的兄弟弗雷德里克·冯·霍赫施塔登（Frederick von Hochstaden）奠基，并从大教堂的东立面与圣殿开始动工，于1544年圣灵礼拜堂（Chapel of Holy Spirit）完工并祝圣，教堂的建造才宣告结束。整座教堂的入口、礼拜堂和拱顶均为晚期哥特式装饰风格，而教堂内部色彩斑斓的装饰尤为引人注目。

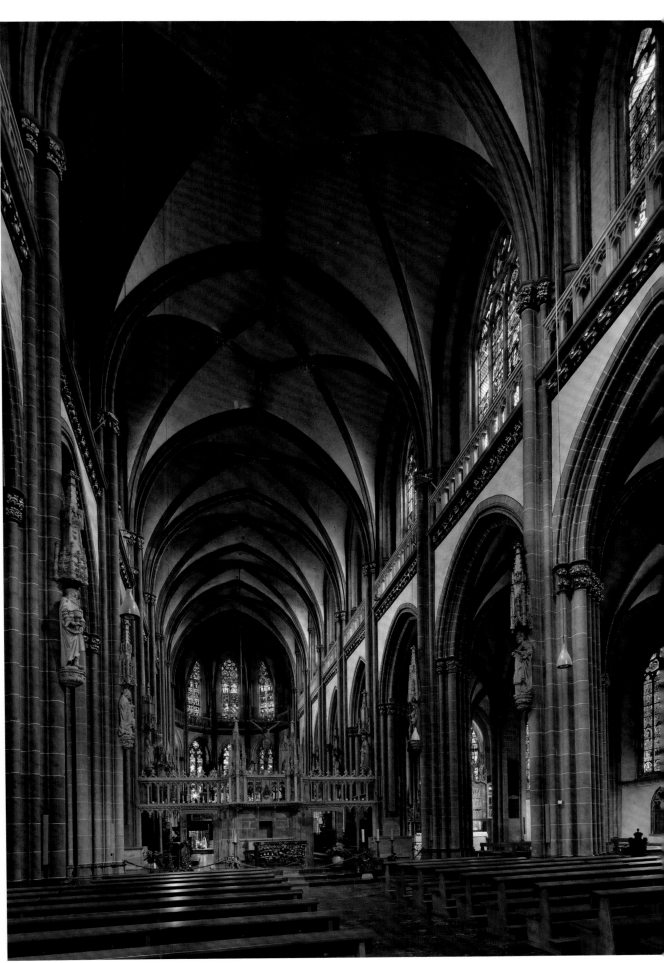

格但斯克

施特拉尔松德
罗斯托克
吕贝克
维斯马　巴特多伯兰
拉策堡
什未林
新勃兰登堡

普伦茨劳

斯塔加德什切青

波兰

德国

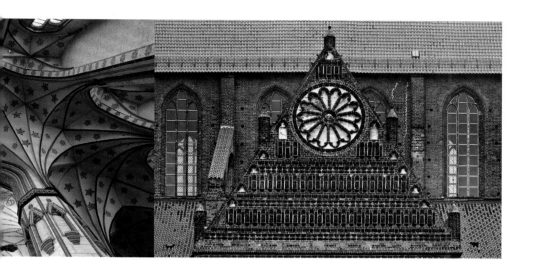

从吕贝克到格但斯克

波罗的海地区的砖砌哥特式与罗马式风格教堂

在中世纪，波罗的海（Baltic Sea）地区发展成为欧洲重要的贸易区之一。在海岸线和通航河流沿岸，拥有热闹集市和货运港口的城镇开始涌现，同时这一地区出现了一个新的社会阶层：富商富民阶层。这一阶层在当时的地位已经与贵族和神职人员不相上下。为了维护他们的经济利益，商人和当地群众聚集在一起成立了贸易组织，德国汉萨同盟（German Hanseatic League）就是其中最重要的代表，从12世纪到17世纪中叶，它保护了同盟成员在欧洲北部的贸易市场和贸易路线。

汉萨同盟拥有强大的经济、政治和文化影响力。随着有价值的商品（毛皮和布料等）逐渐普及，绘画、工艺品、雕塑、建筑以及其他文化产品也随之流行起来。因此无论是从吕贝克（Lübeck）到格但斯克（Gdańsk），还是从斯德哥尔摩（Stockholm）到勃兰登堡（Brandenburg），这些地区的世俗和宗教建筑都具有高度相似的特征。

这种令人惊讶的相似性主要源于砖材料的使用，由于上述地区缺乏天然石材，因此在中世纪的中晚期，砖成了长期使用的建筑材料。当然，砖的使用也带来了独特的建筑风格，经过分层加工的窑烧熟砖与普通的方石相比具有完全不同的特性，这就突出了砖的价值：它能使砖砌教堂的外立面体现独特的装饰性。若使用彩色釉面砖，这一效果会更加突出。

哥特式的装饰形式使砖块的使用面临一个挑战：窗饰和带饰在方石上能够相对容易地雕刻出来，但砖在材质上脆弱的特性会对工艺产生很大的限制。

拉策堡大教堂（Ratzeburg Cathedral）是较早的砖砌建筑之一。尽管该教堂仍属于传统结构，但它的颜色对比和丰富的外观装饰，包括壁架，壁柱和编织状的饰带等细节都给人留下了深刻的印象。砖砌建筑的建造技术主要来自意大利的伦巴第（Lombardy），因此最早的罗马式砖砌教堂采用了意大利北部的建筑模式。随着哥特式的建筑风格从法国北部蔓延开来，波罗的海地区和汉萨同盟主导的地区开始涌现出新的教堂建筑风格，一个典型的例子就是吕贝克的圣马利亚教堂（St Mary's Church）。该教堂在13世纪下半叶重建，在风格上完全依照法国各大教堂的特点来建造，因此这座教区教堂成了城市教堂的比较对象，并为德国北部、斯堪的纳维亚（Scandinavia）和波兰的无数教区和主教教堂提供了建筑参考模板。

吕贝克大教堂
Lübeck，Cathedral

吕贝克大教堂被认为是北欧砖砌哥特式教堂的
开创型的典范之一。由于盛期和晚期哥特式风
格对吕贝克大教堂的影响，现在已经看不到这
座罗马式建筑的初期样貌。

上图：教堂外观；第50—51页图：教堂东侧。

　　1173年，萨克森和巴伐利亚（Bavaria）公爵狮子亨利
（Henry the Lion）和吕贝克教堂的主教亨利为位于吕贝克老
城边缘的第一座大型教堂举行了奠基仪式。然而，这座三通
道大教堂直到1247年才得以祝圣。在祝圣二十年后，哥特式
大厅的唱诗班回廊开始兴建，这显然是从新教区圣马利亚教堂
（Church of St Mary）中获得的灵感（见第52—55页）。在
14世纪中叶，吕贝克大教堂的罗马式中殿重建为一个哥特式
的大厅，教堂中殿的上层墙壁被拆除，并对侧面通道进行了
抬升。尽管吕贝克大教堂在第二次世界大战期间曾受到严重破
坏，但其内部仍保存有许多祭坛和纪念碑，明亮华丽的装饰
也令人神往。

吕贝克圣马利亚教堂

Lübeck, St Mary

作为一个繁荣的汉萨同盟城市，吕贝克在波罗的海地区占有重要的地位，这体现在其主建筑的规模和质量上。比如这座城市中最重要的圣马利亚教区教堂，其外观可与主教教堂（即吕贝克大教堂）相媲美。从1250年起，原为罗马式风格的圣马利亚教堂，参照当时最流行的法式建筑风格，耗费巨资进行了重建。此外，该教堂还添配了哥特式唱诗班回廊。在教堂西侧，巨大的双塔立面在城市的天际线上留下了独特的印记。14世纪中叶，40米高的双层教堂中殿宣告完工，白色背景上的红色砖石外立面，赋予这座教堂明亮和生动的外观。

这座原为罗马式风格的教区教堂在1250年至1351年之间重建，随后全新的哥特式圣马利亚教堂便呈现在世人面前，与吕贝克大教堂争相辉映。

左下图：教堂外观；右下图：南侧塔楼的细节；第53页图：教堂中殿；第54—55页图：圣马利亚教堂美轮美奂的祭坛，于1518年在安特卫普（Antwerp）建造。

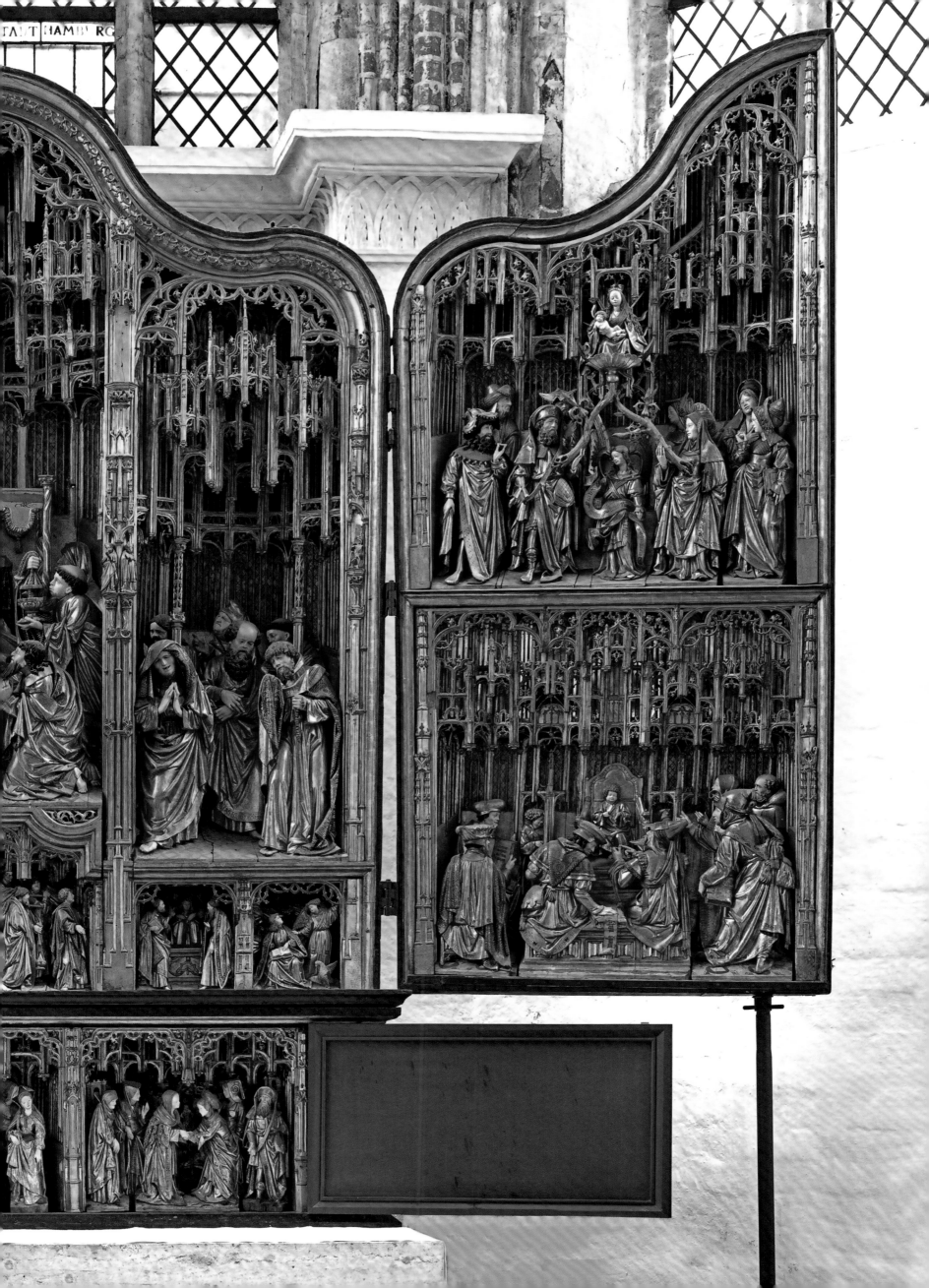

拉策堡大教堂
Ratzeburg, Cathedral

拉策堡的主教辖区始建于11世纪，是斯拉夫（Slavic）传教士主要的传道地点之一，大教堂的主建筑则建于1160至1120年。

左上图：教堂前厅；下图：教堂外观；第57页图：教堂中殿。

　　拉策堡大教堂位于拉策堡湖上岛屿城镇的北端，地理位置优越。教堂南面是修道院、墓地以及一片叫作帕尔姆伯格（Palmberg）的公共用地。穿过这里就是老城区，那里有市场、市政厅和市政教堂。尽管砖块有质地较脆的缺点，但拉策堡大教堂在砖块的利用的方面却给人留下了深刻的印象，这也是历史上第一次以如此规模建造砖砌的宗教建筑。大教堂仅在60年内就建造完成，奉献给圣母马利亚和福音书作者圣约翰（St John the Evangelist）。教堂在结构上主要采用罗马式风格建造，是一座三通道式教堂。

拉策堡大教堂

什未林大教堂
Schwerin, Cathedral

什未林的集镇和主教教区建立在斯拉夫城堡的废墟上，人们对这里建造的第一座大教堂知之甚少，1270年，什未林大教堂在原有建筑物上开始施工。

左下图：大教堂南侧的一个侧门；右下图：15世纪后期的青铜圣洗池；第59页图：教堂内部。

与拉策堡大教堂的地理环境类似，什未林大教堂也近水而建，其宏伟的墙壁耸立在老城区中。现在的哥特式大教堂取代了之前略显陈旧的罗马式前教堂，新教堂的设计从吕贝克圣马利亚教堂的改建中汲取了灵感，这从教堂中根据法国传统建造的放射式小教堂的唱诗班回廊可见一斑。在大教堂内，晚期哥特式风格的圣洗礼池尤为引人注目——八位造型各异人物"撑托"起了洗礼池，洗礼池的侧面则装饰有各位圣使徒形象。此外教堂中殿的凯旋十字架构造灵感来自维斯马的圣马利亚教堂（St. Mary in Wismar）。

维斯马圣尼古拉教堂
Wismar, St Nicholas

这座晚期哥特式砖砌教堂奉献给渔民和海员的守护神——圣尼古拉，教堂最为壮观之处当属教堂南部前厅的山墙（Gable），建于1438—1439年。

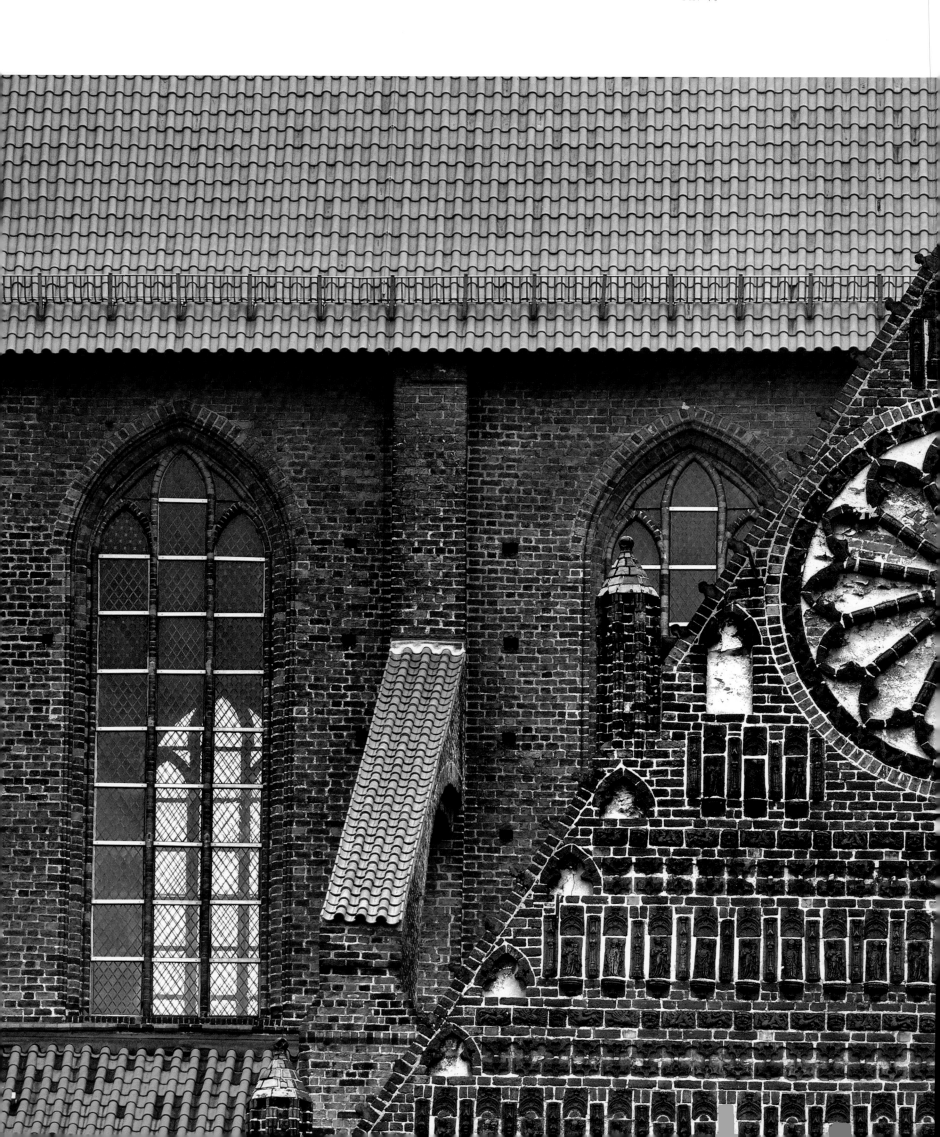

这座带有唱诗班回廊的三通道教堂，建造了近140年才得以完工，在1508年，120米高的塔楼建成后，维斯马圣尼古拉教堂的建筑工作才算告一段落，高耸的塔楼让人从很远处就能看到。然而不幸的是，在1703年，教堂塔尖坍塌砸到中殿，这对教堂造成了相当大的破坏。建筑大师赫尔曼·明斯特尔（Hermann Münster）在建造工艺上花费了大量心血，殚精竭虑，打造出教堂南部前厅山墙处极为华丽的装饰效果，红砖和深色赤陶瓷砖之间的对比使整座教堂的外观显得非常生动。

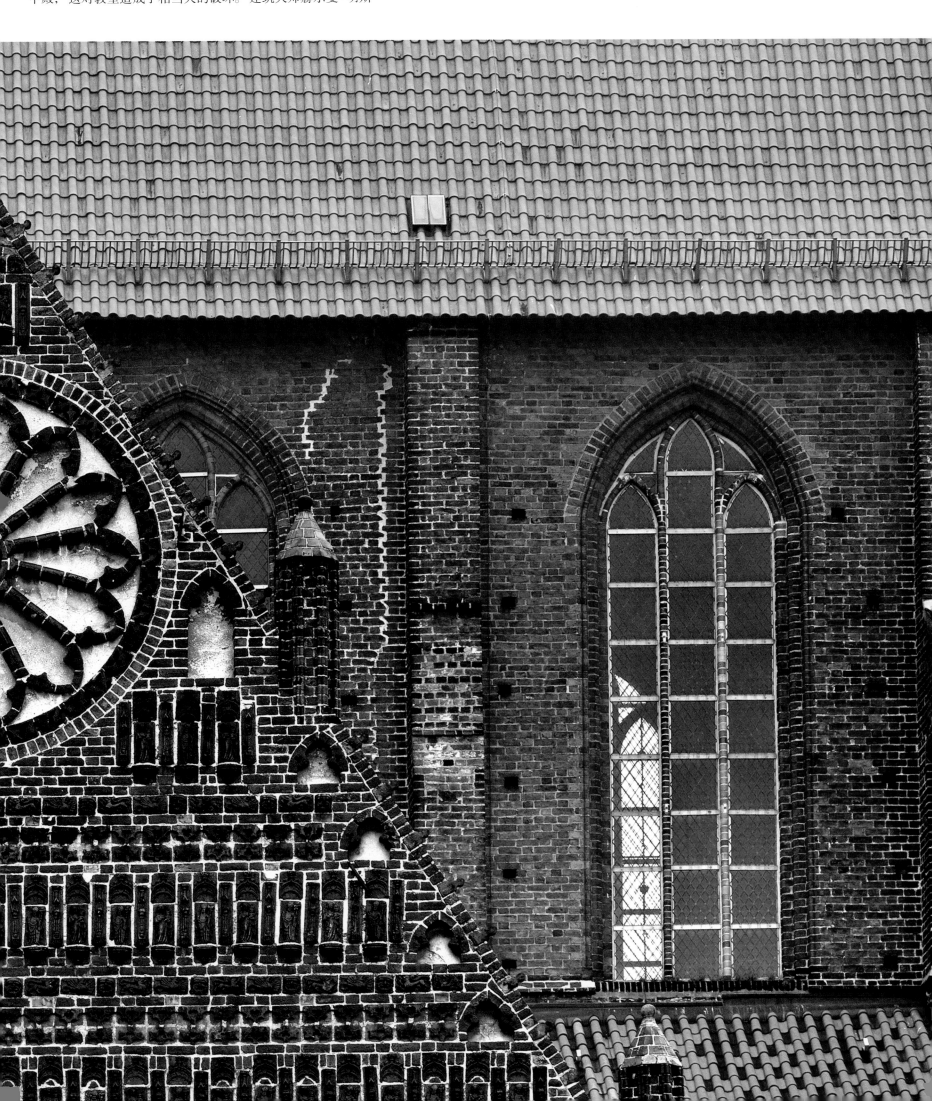

巴特多伯兰修道院
Bad Doberan, Abbey

西多会是第一个大力推动波罗的海南岸基督教化的宗教团体。1171年，他们创建了巴特多伯兰修道院，这座哥特式修道院教堂始建于13世纪晚期。

下图：修道院外观；第62—63页图：内部中殿。

巴特多伯兰修道院曾经是该地区尤为富有的修道院之一，它同时作为丹麦（Denmark）和梅克伦堡（Mecklenburg）王子的皇家墓地而享有盛名。巴特多伯兰修道院的建筑设计水平完全与其声誉相媲美，并从波罗的海地区最精致的神圣建筑中汲取建筑灵感，其中就包括吕贝克的圣马利亚教堂。西多会的朴素风格在这里并没有得以体现，反而修道院内部的装饰极为华丽，甚至在耳堂的中央支柱上都有丰富多彩的装饰，为了与这些东方化的装饰图案相呼应，拱顶和顶石也进行了装饰，所有的装饰都突出了这里的哥特式建筑特征。值得一提的是，修道院内几乎所有的中世纪装饰都较为完好地保存了下来。

巴特多伯兰修道院

罗斯托克圣马利亚教堂
Rostock, St Mary

罗斯托克容纳了三个中世纪的城镇中心，而罗斯托克圣马利亚教堂则是"中心城镇"的中心。该教堂在1290年左右耗费巨资得以重建。

左图：教堂南立面；第65页图：1472年的天文钟。

　　吕贝克的圣马利亚教堂是罗斯托克这座新哥特式建筑的灵感源泉，同前者一样，罗斯托克圣马利亚教堂也建造了一个唱诗班回廊和放射式附属洗礼堂，属于典型的法国式教堂风格。但与法国式风格有些不同的是，罗斯托克圣马利亚教堂在外观上非常独特：黄棕色砖和瑞典石灰石为整座建筑的颜色奠定了基调（而不是通常的红砖）。南侧的耳堂有着高大的玻璃窗，其内部则是唱诗班回廊，里面有由汉斯·迪林格尔（Hans Düringer）设计的高11米的天文钟，直到今天，它还在继续计量着时间和星轨，遗憾的是其日历板上的时间仅能延续到2017年。

施特拉尔松德圣马利亚教堂
Stralsund, St Mary

中世纪时，施特拉尔松德有两个中心地带，一是旧市场和市政厅周边包括圣尼古拉教堂（Church of St. Nicholas），二是新市场周边。建于14世纪后期的哥特式圣马利亚教堂就位于新市场附近，该建筑在富有的布商和服装商的支持下得以建造。这座高耸且宏伟的教堂建筑，在体量上超越了施特拉尔松德的其他所有教堂，可以说这是汉萨同盟时期公民精神的独特见证。教堂和谐的晚期哥特式内饰以其亮丽和简洁的线条引人注目，侧廊的拱顶上绘有华丽的装饰画，包括植物图案和人物（可能是先知、圣徒和天使的形象），由于画面的破损和复绘，现在很难确定装饰画最原始的面积。

这座外观宏伟的教区教堂是施特拉尔松德的代表性建筑，在先前的建筑物倒塌之后，这座教堂于1382年至1384年在旧址上开始施工。

下图：教堂建筑群；第67页图：教堂北部过道，上部彩绘拱顶的创作时间可追溯到15世纪。

新勃兰登堡圣马利亚教堂
Neubrandenburg, St Mary

各式各样的砖砌建筑为新勃兰登堡的城市风格奠定了基调，除了拥有四扇著名的城门之外，新勃兰登堡的圣马利亚教堂以其生动的砖瓦装饰成为这座城市的另一道风景。据历史记载，这座教堂1298年就得以祝圣，但直到1340年教堂的建造工程才宣告结束。

第68页图：西塔的顶部；右图：东面山墙的装饰，可追溯到约1300年。

与中世纪小镇的其他建筑一样，圣马利亚教堂在第二次世界大战中遭遇了严重的破坏。幸运的是在1952年，这一区域得以重建，并保留历史中心的街道布局，并修复一些重要的古迹，从而保留了旧城区的风貌。根据芬兰著名建筑师佩卡·萨尔米宁（Pekka Salminen）的设计，圣马利亚教堂中的一部分（包括哥特式围墙，西塔的一部分以及装饰华丽的山墙）得以重修，并改造成一座现代化的音乐厅，该项目于1989年完工。尽管如此，这座教堂仍然是砖砌建筑中的瑰宝，尽管砖本身稍显脆弱，但在这里，砖块依然可以被塑造成精致的窗饰。

普伦茨劳圣马利亚教堂
Prenzlau, St Mary

普伦茨劳圣马利亚教堂始建于1325年，仅在14年后就宣告竣工。教堂东侧的外立面气势雄伟、装饰华丽。

第70页图：教堂外立面；右图：教堂内部，它在第二次世界大战时曾遭到破坏，1972年才得以重修。

　　普伦茨劳圣马利亚教堂东立面的设计灵感，源自新勃兰登堡圣马利亚教堂的装饰山墙。该教堂的立面与教堂唱诗席的围墙等高，同为22米，东侧的半圆形殿也不突出，因此从远处看教堂几乎没有太突兀的部分，这种设计可能是为了令教堂的外观显得更为完整。教堂的山墙部分用红色和黑色釉面砖做了重点装饰，而在浅色墙壁上的实心窗花格则显得格外生动。在教堂大厅的三条通道，笔直地通往教堂的后殿，而内部十二根精心装饰的十字形支柱则共同支撑起了（重建后的）教堂的交叉肋拱。

斯塔加德什切青
圣马利亚大教堂
Stargard Szczeciński, St Mary

这座纪念碑式的砖砌教堂是波兰最重要的哥特式教堂之一，它始建于1292年，位于之前城市防御工事地带的中心。

上图：教堂拱顶；左下图：建于15世纪的唱诗班回廊；第73页图：教堂西立面。

这座建筑最初是一座专门奉献给圣母马利亚的大厅式教堂，后来被重新设计为现在的大教堂。大约在1400年，波罗的海地区伟大的建筑师欣里希·布伦斯伯格（Hinrich Brunsberg）为这里设计了唱诗班回廊。该回廊最不同寻常的特点是扶壁向内翻转，这就为小教堂和藏画回廊留出了空间。教堂另一个罕见的特征是拱门和天窗之间的拱廊，这种拱廊通常不会出现在砖砌建筑中，但在这里却真实地存在着。教堂的中殿在1500年左右重新做了改造，美轮美奂的星空拱顶就是在这一时期添加的。此后在1635年，教堂经历了一次火灾，又再次重建。

格但斯克圣母马利亚教堂

Gdańsk, Blessed Virgin Mary

格但斯克的这座教堂是中世纪较大的教堂，也是令人
印象深刻的砖砌建筑。该教堂的建造从1343年持续到
1502年，持续了将近160年。

右上图：1625年制造的教堂管风琴；下图：钟楼外
观；第75页图：教堂中殿。

　　圣母马利亚教堂的中心塔楼高78米，是这座汉萨同盟
城市的重要地标建筑。而这座三通道教堂的内部空间——包
括中厅、侧翼的耳堂和教堂后殿，加起来可以容纳25,000
余人。教堂内部晚期哥特式的拱顶，无论是在结构还是美
学方面都可谓旷世之作，除了德国迈森的阿尔布莱希特城堡
（Albrechtsburg in Meissen）之外，在其他地方很难看到
如此完美的建筑结构。该拱顶建造于1498至1502年，出自
著名建筑师海因里希·黑策尔（Heinrich Hetzel）之手。这
座教堂曾在1945年遭遇大火，这场火灾令40%的拱顶发生
了坍塌，幸运的是后来重建工作成功地将拱顶修复完好。教
堂内部的巴洛克风琴，原是安放在格但斯克圣约翰教堂（St
John in Gdańsk）中，之后才转移至此。

从莱比锡到库特纳霍拉

萨克森和波希米亚的宗教场所

　　尽管萨克森州和波希米亚（Bohemia）被欧洲"古老自然分界线"之一的厄尔士山脉（Ore Mountain）隔开，但伏尔塔瓦河（Vltava）和易北河（Elbe）等河流仍将两地间接地联系在一起，因此两地自中世纪以来就共同拥有多种文化历史，而两地的繁荣发展则要归功于盐矿的发掘和开采。

　　两地的经济在哥特式晚期和巴洛克时期迎来了蓬勃发展。15世纪是"淘矿热"（Berggeschrey）的时代，厄尔士山脉蕴藏大量以银矿为代表的矿石，这一消息在当时引起了巨大轰动。萨克森和波希米亚地区发达的采矿业让两地数百年中已经积累了大量财富，而银矿等资源的发现直接促使两地经济在这一时期达到了前所未有的高度。无数矿工、商人和在这一时期涌入此地，因此以萨克森州的安娜贝格（Annaberg）和弗赖贝格（Freiberg）、波希米亚的库特纳霍拉（Kutná Hora）为代表的城市人口在该时期暴增。

　　萨克森和波希米亚地区的教堂建筑充分地体现出城市经济的发展和人民的自信心，这些教堂通常会被奉献给矿业的守护神圣芭芭拉（St. Barbara）或者圣安妮（St. Anne）。这些体量巨大的礼拜场所，通常具有辉煌璀璨的晚期哥特式装饰风格——包括祭坛、讲坛以及华丽的肋拱，这种拱顶是中世纪晚期建筑中最具观赏性的部分。似乎安娜贝格、皮尔纳（Pirna）、迈森和库特纳霍拉的建筑大师们一直在设计和装饰工艺方面试图超越彼此。例如，布拉格大教堂（Prague Cathedral）就在拱顶的建造中展现出建筑师卓越的创造力。在14世纪晚期，彼得·帕勒（Peter Parler）为教堂唱诗班席建造了装饰性的拱顶，这种没有任何隔间结构（Bay Structure）的拱顶通常能给人一种连绵不断的震撼感。

　　17世纪和18世纪，华丽教堂建筑的兴建主要归功于当地的统治者和贵族们。他们一方面想虔诚礼拜以寻求天国的恩典，同时另一方面希望向公众展现出当地的经济繁荣。在奥古斯都国王（King Augusts the Strong）和他的儿子弗雷德里克·奥古斯都（Frederick Augustus II）二世的统治下，萨克森经历了一个黄金时代，这一时期的艺术也迎来了前所未有的快速发展。然而，德累斯顿圣母教堂（Dresden's Frauenkirche）的建造主旨并非单纯地炫耀王室所拥有的财富，更重要的一点是萨克森国王和他的王室成员在1697年全部转而信奉天主教，奥古斯都国王成为波兰的统治者（1697—1706年），而老城区则缺少一座教堂成为新教的根据地。王室的新教堂——宫廷教堂（Hofkirche）则在数年之后拔地而起，这座巴洛克风格建筑明显受到罗马建筑的影响。相比之下，布拉格的巴洛克式教堂向世人展现了上巴伐利亚（Upper Bavaria）著名的丁岑霍费尔（Dientzenhofer）家族的建筑才华。

莱比锡圣尼古拉教堂

Leipzig, St Nicholas

　　莱比锡的圣尼古拉教堂是反对原德意志民主共和国（GDR）政权的重要地点之一，同时它在艺术史上也占据着重要的地位。这座晚期哥特式建筑的核心部分经历了多次改造，最重要的一次是在1783年，由约翰·弗里德里希·道特（Johann Friedrich Dauthe）完成，他采用了早期经典的教堂建造方法。这位莱比锡出生的建筑师将"棕榈树林"的景观成功地移植到这座三通道教堂的内部——即在古典立柱上装饰灰泥制的棕榈叶，这些叶子一直延伸到网状拱顶上。这种迷人而独特的设计可以追溯到法国建筑理论家马克-安托万·洛吉耶（Marc-Antoine Laugier）的构想。

莱比锡的圣尼古拉教堂拥有悠久的历史，从中世纪到教堂建筑的改造时期，再到巴洛克时期、古典时期，这座建筑的风格一直延续至今。

下图：教堂的东北外立面；第79页图：教堂内部（在1783年至1797年曾多次重修）。

莱比锡圣托马斯教堂
Leipzig, St Thomas

圣托马斯教堂的内部大厅被认为是萨克森州晚期哥特式风格的缩影。教堂华丽的拱顶（第81页图）建于15世纪后期；由康拉德·普夫吕格尔（Konrad Pflüger）负责设计建造。而晚期哥特式风格的有翼祭坛（上图和下图）则建于1500年，这种祭坛最早出现在莱比锡的圣保罗教堂中。

　　莱比锡的圣托马斯教堂之所以闻名遐迩，一方面因为其拥有著名的童声合唱团，另一方面则与德国著名作曲家约翰·塞巴斯蒂安·巴赫（Johann Sebastian Bach）密切相关[1]。而从建筑本身而言，横跨整座教堂内部空间的红色斑岩肋拱的网络结构，是萨克森州尤为著名的建筑杰作。教堂的建造者康拉德·普夫吕格尔经常被要求设计复杂的拱顶结构。现如今圣托马斯教堂的主祭坛已经奉献给了圣保罗，以纪念莱比锡大学圣保罗教堂对该祭坛的供奉。教堂的祭坛画所描绘的是基督受难的主题，虽然祭坛画家的身份目前仍待考证，但这件作品的创作风格已被公认为属于德国中部。

1 巴赫三十八岁时开始在圣托马斯教堂童声合唱团中担任指挥，并一直持续了二十七年。

安娜贝格-布赫霍尔茨
圣安妮教堂
Annaberg-Buchholz，St Anne

"淘矿热"时期——即15世纪末在厄尔
士山脉附近发现大量银矿的这段时间，
是安娜贝格-布赫霍尔茨这座城市积累
财富、迅速发展的时期。圣安妮教堂建
成于1499年，它见证了这个城镇在当时
的辉煌。

　　这座纪念性大厅式教堂是萨克森州
规模最大的教堂，教堂建成时将其奉献
给了矿工的守护圣徒——圣安妮。教堂
华丽精美的内部装饰从其繁复的肋拱和
星状的顶饰上可见一斑，是在1517年至
1521年对教堂设计进行改造时建造的。
这种大胆的设计使拱顶横跨了整座教堂
内部，并与教堂内装饰的绘画和雕塑完
美相融。这种壮观的拱顶造型由来自施
韦因富特（Schweinfurt）的著名建筑
师雅各布·海里曼（Jacob Haylmann）
设计，他曾参与过布拉格城堡的瓦迪斯
瓦夫大厅（Wladyslaw Hall）的建造
工作。此外，圣安妮教堂还拥有华丽的
祭坛和许多精美的雕塑，其历史可以追
溯到哥特式晚期和文艺复兴时期之间的
过渡期。

弗赖贝格大教堂
Freiberg, Minster

弗赖贝格与前文所述的几座城市一样，
这里的经济和艺术得益于淘矿热，同
样经历过一段发展的黄金时期。这座大
教堂拥有两件中世纪艺术杰作：金门
（Golden Door，第84页图，建于1225—
1230年左右）和雕塑大师汉斯·维滕
（HW）的郁金香讲坛（Tulip Pulpit，右
图，建于1505年左右）。

这座罗马式圣母大教堂建于1180
年，内部装饰有诸多精美的艺术品，包
括一件基督受难主题的十字架和一道装
饰华丽的金门，体现出法国风格对这座
教堂的影响。1484年，弗赖贝格城经历
了一场毁灭性的火灾，这之后教堂重建
为晚期哥特式风格，金门则被移到了新
建筑的南侧。它的前面建有一座晚期哥
特式的小礼拜堂，来防止金门受到风雨
的侵蚀。郁金香讲坛体现了汉斯·维滕
丰富的想象力：讲坛以郁金香的形状从
大教堂的地板向上伸展，郁金香的花瓣
形成了讲坛的平台，周围环绕着教堂四
位教父的雕塑，其他的人物则融合在郁
金香的叶子中。

迈森大教堂
Meissen, Cathedral

迈森城堡是矗立在易北河边一个非常引人注目的景观，大教堂始建于1250年，位于城堡的东侧。

左下图：教堂西立面可追溯到14至15世纪，两座塔楼建于19世纪；右下图：教堂的创始人雕像（建造于1265年）；第87页图：教堂内部。

迈森大教堂是萨克森州重要的教堂之一，迈森主教辖区由神圣罗马帝国皇帝奥托一世（Otto I）在968年设立。整个教堂建筑群包含了主教堂、主教宫殿和环绕在周边的教会住宅，这些建筑都是教堂地位的有力佐证。这座哥特式风格的主教教堂在历史上曾不断改建，教堂中宽敞的三通道大厅令人印象深刻，通道直接延伸到教堂东侧的唱诗班席。庄严的圣坛屏后陈列着四尊大于真人体量的创始人雕塑，这些雕塑被认为是德国哥特式的典型代表。四尊雕塑分别为奥托一世皇帝和他的妻子阿德尔海德（Adelheid），以及教堂的两位奉献圣徒——福音书作者圣约翰和圣多纳图斯（St Donatus）。

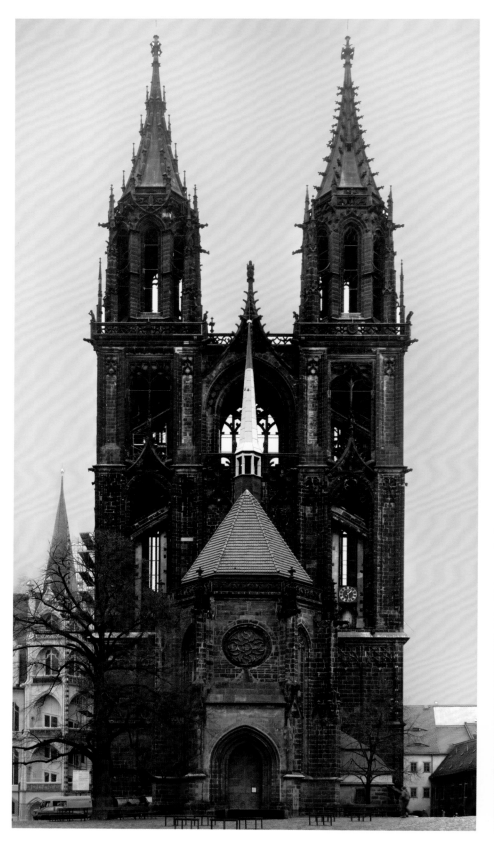

德累斯顿圣母教堂
Dresden, Frauenkirche

德累斯顿圣母教堂于1726年由著名建
筑师乔治·贝尔（George Bähr）建造，
它是一座新教教堂，其内饰尤为华美。
这座巴洛克风格的教堂在第二次世界大
战中严重被毁，此后在1990至2005年
间，教堂得以重建。

左图：教堂外立面；第89页图：教堂
穹顶下的内部景观。

　　圣母教堂庄严肃穆的钟形外轮廓是
德累斯顿一道亮丽的风景线。整座教堂
为巴洛克风格，作为新教团体的教区教
堂，这里有独立的陈列馆和小祈祷龛。
教堂的建造始于1726年，由德累斯顿
最著名的建筑师乔治·贝尔主持，并
于1734年祝圣（尽管此时教堂尚未竣
工）。1945年2月15日，教堂在遭遇空
袭和火灾后倒塌，1990年得以开始重
建，并于2005年10月30日举行了再次
祝圣仪式。通过公共资金的支持和国际
捐款，教堂的旧时风貌得以重现。

德累斯顿宫廷教堂

Dresden, Hofkirche

与茨温格宫（Zwinger Palace）和圣母教堂一样，德累斯顿的宫廷教堂（罗马天主教堂）是萨克森晚期巴洛克风格的典型代表，其灵感来自罗马建筑，同时也是著名的德国宗教建筑之一。

第90页图：教堂西侧外立面；下图：教堂内部，建于1737年，由意大利著名建筑大师加埃塔诺·基亚韦里（Gaetano Chiaveri）设计。

从一开始，德累斯顿宫廷教堂就与早几年开始建造的圣母教堂进行着建筑和装饰上的"竞争"，后者是服务于大多数新教团体的教区教堂。这座雄伟壮丽的大教堂呈西南-东北朝向，位于德累斯顿城堡和奥古斯都桥（Augustus Bridge）之间。教堂凹凸曲折的外立面使其完美地融入了城市格局中，从外观上看起来优雅大方，令人耳目一新。教堂的一个亮点是由洛伦佐·马蒂耶利（Lorenzo Mattielli）和他儿子塑造的七十八尊体量大于真人的圣徒雕像。教堂的内部采用双层宫殿式的建造风格，这与其晚期巴洛克风格的建筑外观呈现出鲜明的对比。

皮尔纳圣马利亚教堂

Pirna, St Mary

横跨整座教堂宽度的拱顶是萨克森州和波希米亚建筑的亮点之一。教堂巧妙的工程设计和富有想象力的造型，使天花板成为一件独立的艺术作品。天花板营造的教堂氛围从内部给人一种摆脱重力作用的升腾感，约尔格·冯·毛尔布劳恩（Jörg von Maulbronn）就是这一杰作的设计者。教堂中，1545至1546年由约布斯特·多恩多夫（Jobst Dorndorff）绘制的天顶画同样十分重要，它体现了萨克森州独特的绘画风格，并且至今保存完好。天顶画用充满活力的色彩描绘出《新约》和《旧约》的情节，并附有铭文。

皮尔纳坐落在易北河畔，因此成为萨克森州到波希米亚线路上重要的贸易中心。而位于皮尔纳的这座晚期哥特式风格的圣马利亚教堂，就矗立在集市广场的东部，教堂华丽的穹顶建于1539年至1546年。

布拉格圣维特大教堂
Prague, Cathedral of St Vitus

1344年，布拉格作为当时德意志帝国尤为富有的城市之一，顺利被提升为大主教辖区，因此圣维特大教堂的翻新工程就从这一年开始。圣维特大教堂与科隆大教堂一样，二者的建筑工程都是到19世纪至20世纪才宣告竣工。

第94—95页图：教堂唱诗班席上方的拱顶和天窗；左下图：彼得·帕勒于1356—1385年建造的教堂唱诗班席外观；右下图：圣维特大教堂内部；第95页左下图：彼得·帕勒半身像（创作时间为1375—1378年）；第95页右下图：圣瓦茨拉夫教堂（Chapel of St Wenceslas）的圣像，1373年由海因里希（Heinrich）或彼得·帕勒建造。

　　主持圣维特大教堂翻新工程的第一位建筑师是阿拉斯的马蒂亚斯（Matthias of Arras），在他于1352年去世之前，他已经完成了对教堂唱诗班回廊和圣殿拱廊（拱廊为南法哥特式风格）的重建工程。之后，彼得·帕勒接替了他的工作，帕勒曾在施瓦本格明德（Schwäbisch Gmünd）市从事相关的建筑工作。在他主持圣维特大教堂建造的过程中，在建筑技巧上引入了许多创新，成功地避免了唱诗班回廊横向拱门的断裂。教堂装饰性的拱顶用斜肋相接，形成了更好的视觉效果。上方拱廊的建造也同样具有开创性，开窗的后墙和天窗的窗格都覆盖了一层透明的玻璃。拱廊的完美建造让彼得·帕勒非常满意，因此他设计了一座个人半身像以纪念自己的功绩，与另一位教堂建筑师马蒂亚斯的半身像一起，安放在神圣罗马帝国皇帝查理四世（Charles IV）的家族塑像和布拉格的大主教塑像旁。

布拉格圣尼古拉教堂
Prague, St Nicholas in the Lesser Town

布拉格圣尼古拉教堂被认为代表了意大利式巴洛克风格的最高成就。教堂坐落在布拉格城堡下老城区的对面，于18世纪中叶竣工。

下图：克里斯托夫·丁岑霍费尔设计的教堂外立面；第97页图：教堂内部景观。

圣尼古拉教堂初建于1702年，起初是耶稣会学院（Jesuit College）的一部分，教堂的外观雄浑大气，与早期巴洛克风格的耶稣会住宅相邻。教堂豪华的内部装饰是由丁岑霍费尔家族的三名建筑师成员设计的：克里斯托夫设计了教堂华贵典雅的中殿；他的儿子基利安·伊格纳茨（Kilian Ignaz）设计了教堂的唱诗班席和气势撼人的穹顶；教堂东侧优雅的钟楼则由基里安的女婿安塞尔莫·卢拉戈（Anselmo Lurago）按照其岳父的计划完成。这座钟楼自建成起一直归于布拉格市管辖。

布拉格洛雷托教堂
Prague，Loreto

布拉格洛雷托教堂中最出彩的建筑当属圣堂（Santa Casa），这里是圣母马利亚（Virgin Mary in Nazareth）在拿撒勒的诞生地。根据传说，圣堂在土耳其入侵战争中被众人保护，并运往意大利的马尔凯（Le Marche），并被塑造成一座圣龛，后被欧洲各国竞相模仿。

第98页图：基利安·伊格纳茨1721年设计的教堂外立面；上图：始建于1626年的圣堂；左下图：建于1717—1737年的内部。

布拉格的洛雷托教堂是在洛布科维奇（Lobkowicz）家族的倡议之下建造的，该家族为了促进波希米亚地区对圣母马利亚的崇拜，在几个世纪的时间里一直为相关的建筑工程提供赞助。克里斯托夫·丁岑霍费尔和他的儿子基利安·伊格纳茨在这里一起工作，并完成了由乔瓦尼·巴蒂斯塔·奥尔西（Giovanni Battista Orsi）于1626年开始建造的教堂建筑群。他们父子二人共同设计了晚期巴洛克风格的教堂外立面。在教堂后方，基利安建造了一座新的主诞教堂（Church of the Nativity），来取代先前的旧礼拜堂。丁岑霍费尔家族的另一位成员、基利安的继兄约翰·乔治·艾希鲍尔（Johann Georg Aichbauer）也参与了这座教堂的建设。此外，来自布拉格和蒂罗尔（Tyrol）的艺术家们为教堂创作了表现基督童年的一系列壁画，令原本就十分华丽的室内装饰变得更加丰富。

库特纳霍拉
圣芭芭拉大教堂
Kutná Hora, St Barbara

这座兴建于1388年的中世纪晚期圣芭芭拉大教堂，向世人展现了位于银矿附近的库特纳霍拉市的雄厚财力。

第100—101页图：教堂天顶画上的天使形象；第100页左下图：双肋拱结构支撑的教堂中殿；第100页右下图：教堂的唱诗班回廊；下图：教堂外立面（19世纪新添了教堂顶部结构）。

银矿的开采使库特纳霍拉市成为波希米亚地区非常富饶的城市，波希米亚地区的货币就是在这里铸造的。而献给采矿守护神——圣芭芭拉的这座教堂，其规模显然应当与其地位相符合，这使圣芭芭拉大教堂成为这座城市最为重要的教堂。该教堂内部采用五通道式构造，拥有华丽的唱诗班回廊和一座附属礼拜堂。礼拜堂的造型与大教堂融为一体，相得益彰。教堂的第一位建筑师名为约翰·帕勒（Johann Parler），他是建筑大师彼得·帕勒之子。教堂内部的唱诗班回廊与晚期哥特式的穹顶均由贝内迪克特·里德（Benedikt Ried）主持修建。精致的肋拱支撑了教堂天顶的重量，令整座教堂熠熠生辉。到16世纪的银矿资源接近枯竭时，圣芭芭拉教堂的修建则被迫中断。

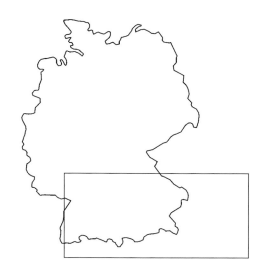

从圣加仑到维也纳

阿尔卑斯山麓地带的巴洛克和洛可可风格

每当我们前去参观阿尔卑斯山地区的巴洛克式教堂和修道院，就如同前往神圣的领土，来进行一次朝圣之旅。在这里，神圣的建筑与浑然天成的自然风光融为一体，历史和文化的积淀在这里根深蒂固。在奥地利的梅尔克（Melk），修道院从河岸山丘上拔地而起，著名的朝圣地如伯瑙的圣母大教堂（Our Dear Lady in Birnau）、斯泰因豪森的圣彼得圣保罗大教堂（St Peter and St Paul in Steinhausen），均坐落在山清水秀的自然景致中。在山麓地区十字架随处可见，让路过的行人在身体上和精神上都能得到净化。在乡村地区，教堂与周边环境完美结合，已然成为当地特色景观中不可缺少的部分。这些教堂的内部则展现了神性创造的自然：光线对应着自然中的阳光，而大理石、彩色涂料和壁画的色调则对应自然世界中的天地、田野和森林。阿尔卑斯山天然的风光成为神圣与世俗力量的完美陪衬，这些巧夺天工的人为建筑显然是献给上帝最完美的礼物。

巴洛克风格的宗教建筑，体现了鲜明的天主教特征。反宗教改革（Counter-Reformation）甚至想要利用教堂作为中介，使天主教徒们能够获得更多视觉上的享受，传递潜在的神秘体验。在三十年战争（Thirty Years War）结束后，欧洲的天主教开始按照这一理念来建造教堂。阿尔卑斯地区见证了那些在宗教运动中受损的修道院和它们修复、重建的过程，这些建筑最终作为巴洛克艺术最为精彩的部分呈现在世人面前。

然而，宗教冲突并不是17、18世纪阿尔卑斯山附近地区兴建众多教堂的原因，山谷地带讲阿勒曼尼语（Alemannic Dialects）的地区以及上巴伐利亚地区，成功保留了很多传统工艺，提升了巴洛克和洛可可的装饰风格给人带来的感官体验。来自奥地利福拉尔贝格（Vorarlberg）的建筑大师改进了教堂壁柱的风格，使教堂的外观看起来闪耀夺目；巴伐利亚的威索布伦（Wessobrunner）家族率先采用了高质量且颜色丰富的灰泥装饰；而福伊希特迈尔（Feuchtmayer）家族则建造出豪华的祭坛和生动的雕塑；阿萨姆（Asam）兄弟作为当时知名的天顶画家，将罗马的绘画风格元素增添进德国南部教堂天顶画的艺术创作中；丁岑霍费尔家族将巴洛克建筑风格融入班贝格（Bamberg）和布拉格的教堂中，创造出全新的视觉效果，并因此名声大震。

在这段旅程行将结束时，我们将欣赏到维也纳标志性建筑圣卡尔教堂（Karls Kirche）。该教堂的外立面是建筑史上一个典型的案例，因为它涉及哈布斯堡帝国（Habsburg Empire）的政治局势，象征着神圣罗马帝国皇帝查理六世（Charles VI）对西班牙的统治。建筑大师约翰·伯恩哈德·菲舍尔·冯·埃拉赫（Johann Bernhard Fischer von Erlach）则仿佛在圣卡尔教堂中创造出了一个令人惊叹的超时空结构。

圣加仑修道院
St Gallen, Abbey

　　初建于612年的圣加仑本笃会修道院在整个中世纪颇负盛名，尤其是它名声远扬的缮写室（Scriptorium）。然而，进入到现代时期，修道院院长的继承人和其他成员认为圣加仑修道院的建筑布局略显随意，因此决定建造一座更为宏伟的建筑。修道院最早的修改方案是由来自福拉尔贝格的建筑师卡斯帕·莫斯布尔格提供的，然而最终并没有实施。今天我们所见修道院的晚期巴洛克式建筑是在1756—1772年完成的，尽管最终的完成造型与之前的设计方案有诸多不同，但教堂华丽的外观仍然令人赞叹。中央圆形大厅将修道院中殿和唱诗班席恰到好处地衔接起来；修道院东侧是雄伟的双塔立面，上面装饰着约瑟夫·安东·福伊希特迈尔（Joseph Anton Feuchtmayer）的雕像。

　　这座本笃会修道院于18世纪采用典型的晚期巴洛克风格进行了重建。1721年至1722年，卡斯帕·莫斯布尔格（Caspar Moosbrugger）、彼得·图姆（Peter Thumb）和约翰·米夏埃尔·贝尔（Johann Michael Beer）等建筑师共同设计了圣加仑修道院的外观，修道院的内部则由彼得·图姆、约翰·米夏埃尔·贝尔和其他几位建筑师在1755—1766年设计。

艾因西德伦修道院

Einsiedeln, Abbey

这座全新的巴洛克风格修道院于1702年由卡斯帕·莫斯布尔格设计建造。修道院壮观的双塔楼立面正对前来参观的游客，而在修道院内部，不同类型的空间被巧妙地连接在一起。在汉斯·格奥尔格·屈恩（Hans Georg Kuen）于1674年建造的修道院圣堂中，我们可以欣赏到错综复杂的交叉结构。

位于瑞士施维茨州（Schwyz）的艾因西德伦本笃会修道院是圣母马利亚的"神迹"雕像"黑圣母"的所在地。卡斯帕·莫斯布尔格采用巴洛克风格，为修道院设计了一个复杂的结构，融合了修道院教堂和朝圣教堂的特征，将修道院内部不同功能的空间联系在一起。在双塔立面的背后，有一个八角形的空间，感恩堂（Chapel of Grace）就位于其中。其后是经典的布道大厅，以及光线充足的圆顶空间，装饰有德国著名巴洛克画家科斯马斯·达米安·阿萨姆（Cosmas Damian Asam）绘制的《基督诞生》（*The Birth of Christ*）。修道院内部利用视错觉（Trompe L'oeil）的格栅将会与唱诗班席分隔开。

伯瑙圣母大教堂
Birnau, Our Dear Lady

这座朝圣教堂坐落在风景如画的康斯坦茨湖（Lake Constance）边，教堂及周边所呈现的多种艺术元素在这里结合成令人难忘的美丽景观。教堂的主建筑由彼得·图姆设计，建于1745—1751年。约瑟夫·安东·福伊希特迈尔用灰泥制品作为教堂的装饰，此外还建造了一尊品尝蜂蜜的小天使雕像。教堂内部的壁画则是由伯恩哈德·格茨（Bernhard Göz）绘制完成。

　　这座始建于1745年的圣母朝圣大教堂，体现了设计师彼得·图姆和雕塑家、装潢师福伊希特迈尔在建筑材料和设计方案上的完美结合，他们将教堂塑造为一座奢华而辉煌的圣殿。教堂的内部墙壁就像是一面巨大的画布，映衬出教堂的壁柱、走廊和穹顶，再搭配教堂中的视错觉元素，仿佛让人进入一个从人间通往天堂的神圣空间。福伊希特迈尔塑造的品尝蜂蜜的小天使，象征着西多会创始人布道时优雅的言辞。

魏恩加滕修道院

Weingarten，Abbey

这座本笃会修道院教堂坐落在一个广阔的修道院建筑群的中心，修道院于1715年重建。修道院内部豪华的装饰包括科斯马斯·达米安·阿萨姆于1718—1720年创作的壁画，赫尔曼·毛茨（Hermann Mauz）于1732年设计的精美唱诗班席格栅（下图），以及约瑟夫·加布勒（Joseph Gabler）于1737—1750年为修道院设计的管风琴（右上图）。

魏恩加滕修道院教堂其宏伟壮观的建筑由卡斯帕·莫斯布尔格（Caspar Moosbrugger）等人设计，精致的灰泥装饰由弗朗茨·克萨韦尔·施穆策（Franz Xaver Schmutzer）设计，梦幻般的天顶画由科斯马斯·达米安·阿萨姆绘制，它们令修道院教堂闻名于世。此外，教堂内部精美的祭坛、讲坛、唱诗班席和管风琴也非常精致，由约瑟夫·加布勒设计的管风琴非常精美，是科学与艺术的巧妙融合，于1737至1750年管风琴建造，一直以其原始造型保存至今。

斯泰因豪森七苦圣母与圣彼得、圣保罗教堂
Steinhausen, Our Lady of Sorrows and St Peter and Paul

这个教区教堂和朝圣教堂的建筑群内部采用了精美的德国洛可可（German Rococo）装饰风格，多米尼库斯·齐默尔曼（Dominikus Zimmermann）和约翰·巴普蒂斯特·齐默尔曼（Johann Baptist Zimmermann）兄弟共同创作了这一杰作，前者从1727年开始担任教堂建筑群设计师，后者则绘制了华丽的天顶画，教堂于1733年得以祝圣。

斯泰因豪森的七苦圣母（朝圣）教堂与圣彼得、圣保罗（教区）教堂建筑群，位于德国上斯瓦比亚（Upper Swabia）地区，整个教堂建筑外观呈现明亮的白色。建筑群建于1727年，坐落在之前建筑的旧址上，其外观虽然呈十字形，但设计师多米尼库斯·齐默尔曼将教堂的内部设计为长椭圆形，并达成了这一构想。十根支柱使教堂内部构成了"房中房"的构造，同时又支撑起装饰有视错觉天顶画的教堂穹顶。天顶画则由多米尼库斯的兄弟约翰·巴普蒂斯特·齐默尔曼完成，二人天衣无缝的合作令建筑与绘画相互辉映，也让整座教堂与大自然完美地融合在一起。

奥托博伊伦修道院
Ottobeuren, Abbey

像许多阿尔卑斯山地区的修道院一样，奥托博伊伦本笃会修道院在18世纪经历了一次彻底的翻新重修。克里斯托夫·福格特（Christoph Vogt），西伯特·克雷默（Simpert Kraemer）和约翰·米夏埃尔·菲舍尔·冯·埃拉赫（Johann Michael Fischer von Erlach）为教堂提供了重修方案，并于1737年开始重修工程。教堂的装饰由约翰·米夏埃尔·福伊希特迈尔（Johann Michael Feuchtmayer）设计，主穹顶的《圣灵降临》（*The Coming of the Holy Spirit*）天顶画则由约翰·雅各布·泽耶（Johann Jakob Zeiller）绘制。

　　这座本笃会修道院始建于8世纪，根据修道院院长鲁珀特二世（Abbot Rupert II Ness）的要求，教堂在1710年整体翻新为巴洛克风格，并邀请了当时最著名的建筑师来重新设计。1737年，教堂开始翻新，1748年，由约翰·米夏埃尔·菲舍尔·冯·埃拉赫继续改造。整座修道院造型大气而壮观，被誉为"斯瓦比亚的埃斯科里亚尔"（Swabian Escorial）。修道院拥有雄伟的十字型翼部和宽敞的唱诗班席，巨大的穹顶覆盖了整个内部空间，内部装饰画的主题为圣灵降临节的奇迹（Miracle of Pentecost）和圣灵的降临。

施泰因加登维斯朝圣教堂
Steingaden, Wieskirche

维斯朝圣教堂将风景、建筑和装饰巧妙地联系在一起，令人心驰神往。这座教堂建于1746—1754年，是多米尼库斯·齐默尔曼和约翰·巴普蒂斯特·齐默尔曼兄弟的代表作品之一。

第116—117页图：教堂西南外立面；第117页右上图：中央天顶画；第117页右下图：教堂内部。

关于维斯朝圣教堂，流传着这样一个传说：1738年，在施泰因加登当地的一所农场，有一尊木质基督雕像，在遭遇锁链捆绑和鞭打后流下了眼泪，于是不久后，朝圣者蜂拥而至，所以临近的施泰因加登修道院决定在此修建一座朝圣教堂。来自韦索布伦的建筑师多米尼库斯·齐默尔曼成为这座教堂的设计者，此前他已经完成了许多出色的建筑杰作，包括

斯泰因豪森教堂。维斯朝圣教堂在外观上大致呈椭圆形，是洛可可优雅风格建筑的典范。教堂的构造、灰泥装饰、雕塑和天顶绘画融合于一个轻灵、超然的整体空间中。设计师的兄弟约翰·巴普蒂斯特·齐默尔曼为教堂设计并绘制了丰富的装饰和穹顶壁画，描绘了人类通过基督牺牲来完成救赎，这一作品代表了他在穹顶画创作上的最高水平。

安代克斯修道院
Andechs, Abbey

自中世纪晚期以来，"安代克斯圣山"
（Holy Mountain of Andechs）成为各
路朝圣者的目的地，这里拥有众多的珍
贵文物与历史遗迹。其中这座本笃会修
道院始建于15世纪中叶，后于17至18
世纪改建为巴洛克风格。

　　安代克斯修道院作为朝圣圣地，
坐落在风景绮丽的艾默尔湖（Lake
Ammer）畔，除了修道院所藏的精
美文物之外，修道院还制作丰盛、美
味的啤酒和奶酪，每天都有络绎不绝
的游客到此拜访。实际上，修道院的
创建过程经历了许多波折。公元10
世纪，拉索·冯·迪森（Rasso von
Diessen）伯爵在他的一座城堡中收集
了二百八十八件文物，并将这些文物藏
于此处，不过这些宝藏后来被遗忘了，
直到1388年，一位牧师发现了这批文
物的线索并找到了它们，从此开始安代
克斯修道院就成为朝圣圣地。修道院内
部有闻名于世的圣母子"神迹"雕塑。

慕尼黑阿萨姆教堂
Munich, Asam Church

阿萨姆教堂的官方全称为"内波穆克的圣约翰教堂"（Church of St John of Nepomuk），建于1733年至1746年，是埃吉德·奎林·阿萨姆（Egid Quirin Asam）和科斯马斯·达米安·阿萨姆兄弟二人的伟大艺术杰作。

　　阿萨姆教堂位于森德林格路（Sendlinger Strasse）的阿萨姆家族住宅旁，是一座私人小型教堂，埃吉德·奎林·阿萨姆的遗体安葬于此。这座教堂将德国洛可可风格中的优雅与罗马风格建筑的悲情完美地结合在一起。教堂的方形内部构造用环绕的弧形阳台分成两层，明亮华丽的天顶画则被描绘在檐口上方，红色的灰泥装饰和大理石纹让教堂显得奢华大方，丰富的图像充分展示了这里对基督的信仰，并向教堂的奉献圣徒们致以敬意。教堂的南墙上有一处神龛，藏有"内波穆克圣约翰"的圣体遗骸。

慕尼黑圣母教堂
Munich, Frauenkirche

慕尼黑圣母教堂建于1468—1488年，以宏伟、简约的建筑特点著称，圣母教堂的塔楼则是慕尼黑具标志性的建筑之一。

下图：教堂的内部；第123页图：教堂外观，教堂塔楼上独特的球形顶尖可以追溯到16世纪初。

这座砖砌的三通道教堂，附有唱诗班回廊和多个附属礼拜堂，整个建筑群的建造共计二十年完成。二战后的重建突出了教堂紧凑的结构和严谨的风格，其中晚期哥特式礼拜堂是在巴伐利亚公爵西吉斯蒙德（Duke Sigismund of Bavaria）的要求下建造的，因为他希望在他的宫廷中能有一个宏伟且富有声望的礼拜场所。在教堂的建设过程中，由于资金不足，慕尼黑的民众和外界社会团体对这座教堂的建造进行了捐助。

萨尔茨堡圣三一教堂
Salzburg, Holy Trinity

　　约翰·伯恩哈德·菲舍尔·冯·埃拉赫主持建造的这座早期宗教建筑显然受到贝尔尼尼（Bernini）和博罗米尼（Borromini）的影响。实际上，他在萨尔茨堡一共建造了三座教堂，即圣三一教堂、大学教堂（University Church）和圣马可教堂［St Mark's Church，也称乌尔索拉教堂（Ursuline Church）］。这三座教堂在外观上都采用了简明的立方结构，突出了结构上的空间感，这种将教堂融入周围城市环境的手法与罗马风格非常相似。从外观上来看，圣三一教堂细长椭圆形的天顶壁画摒弃了常见的灰泥装饰，约翰·米夏埃尔·罗特梅尔在创作天顶画时，采用了新的创作涂料和手法。天顶画的主题是三位一体与圣母加冕（Coronation of the Virgin Mary），罗特梅尔的这种方法最终将视觉中心汇聚到祭坛之正上方的穹顶中央。观众的目光则逐渐被吸引到教堂的历任教皇、教会首领和圣徒的形象上，这些形象被三排云层分隔排列成三个同心环，圆顶的中心部分最为明亮，代表圣灵的鸽子出现在由天使托起的中央光晕中。

图恩的伯爵大主教约翰·恩斯特（Archbishop Johann Ernst, Count of Thun）希望萨尔茨堡能够成为"北方的罗马"，而由约翰·伯恩哈德·菲舍尔·冯·埃拉赫在1694—1703年建造的圣三一教堂，就是大主教这一想法的成果之一。

上图：教堂天顶画，由约翰·米夏埃尔·罗特梅尔（Johann Michael Rottmayr）1697年创作；第125页图：教堂内部。

圣弗洛里安修道院
St Florian, Monastery

伦巴第建筑师卡洛·安东尼奥·卡洛内在1684年至1685年提交了关于扩建圣弗洛里安修道院建筑群的计划，在卡洛内于1708年逝世后，雅各布·普兰道尔（Jakob Prandtauer）承接了扩建的重任。修道院长期以来采用非常传统的建筑风格，而普兰道尔为修道院添加了丰富的新细节：他令修道院的楼梯成为内部的突出元素，并将大型的餐饮室改造为皇家礼拜堂。有两座塔楼的圣母升天教堂（Church of the Assumption），造型宏伟，由卡洛·安东尼奥·卡洛内设计，并在他的兄弟乔瓦尼·巴蒂斯塔·卡洛内的帮助下完成。教堂内部采用丰富多彩的灰泥装饰，并在檐口处截然中断，采用油漆继续装饰。显而易见，教堂内部采用了多种设计风格来突出绘画和色彩，穹顶的视错觉天顶画由安东·贡普（Anton Gumpp）和梅尔希奥·施泰因德尔（Melchior Steindl）绘制，主题为致敬圣弗洛里安。

守护圣徒圣弗洛里安可以防止火灾，他同时也是这所修道院的守护圣徒。在后来的奥土战争中，奥地利军队战胜土耳其，之后修道院便采用了巴洛克风格重修，这种造型特点也一直延续至今。

下图：建筑群外观（巴洛克风格，建于1686—1750年）；第127页图：修道院内部，由卡洛·安东尼奥·卡洛内（Carlo Antonio Carlone）和乔瓦尼·巴蒂斯塔·卡洛内（Giovanni Battista Carlone）设计。

梅尔克修道院
Melk, Abbey

在阿尔卑斯山地区，巴洛克风格修道院的主教们基本不会收到任何世俗贵族的赞助。奥地利梅尔克的本笃会修道院就充分证明了这一点，修道院院长贝特霍尔·迪特迈耶（Abbot Berthold Dietmayer）委托来自提洛尔（Tyrolean）的雕塑家、建筑师雅各布·普兰道尔来建造一座巴洛克风格的"艺术杰作"，修道院带有双塔的主建筑，从多瑙河谷（Danube Valley）陡峭且多岩石的斜坡上拔地而起，俨然是一道壮观的风景线。修道院的二层前端延伸出一个露台，站在上面可以欣赏到远处乡村田园诗般的风景。修道院内部装饰着由约翰·米夏埃尔·罗特梅尔创作的壁画，令教堂更加生动多彩。

我们现今所见的梅尔克修道院，由雅各布·普兰道尔和他的外甥兼学生约瑟夫·芝格纳斯特（Josef Munggenast）担任建筑师，始建于1701年，梅尔克修道院以其辉煌雄伟的外观而闻名于世，并与周围的自然风景完美地融合在一起。

第128—129页上图：位于多瑙河上游的修道院建筑群；第128页左下图：修道院外立面；第128—129页下图：约翰·米夏埃尔·罗特梅尔绘制的天顶画细节；下图：修道院内部。

维也纳圣卡尔教堂
Vienna, Karlskirche

1713年，神圣罗马帝国皇帝查理六世宣誓，如果维也纳能够
免受瘟疫的影响，那么他就修建一座教堂。圣卡尔教堂建于
1716—1737年，由建筑大师菲舍尔·冯·埃拉赫设计完成。

下图：教堂外立面；第131页图：约翰·米夏埃尔·罗特梅尔于
1729年绘制的天顶画。

维也纳圣卡尔教堂亦称查理教堂，是为致敬查理·博罗梅奥（Charles Borromeo）建造的，他治愈了民众的瘟疫疾病。大教堂由菲舍尔·冯·埃拉赫设计，这个宗教场所既是信众还愿的圣地，也是宏伟的权力象征。因此，教堂的圆顶上端设计有高高的穹顶，它横跨了教堂内部的椭圆形构造。古典的门廊突出了教堂优雅美丽的外观，教堂的两侧有两根两座古老的凯旋柱。这座建筑的外观不仅仅是华丽这么简单，它还象征着哈布斯堡帝国的政治诉求，即他们在历史上对西班牙的统治。圣卡尔教堂的正面看起来雄伟宽敞，而它的背面是一座装饰华丽的小教堂。在圣卡尔教堂中，约翰·米夏埃尔·罗特梅尔用他出彩的天顶壁画向圣查理致以最高的敬意。

维也纳皮亚斯特教堂
Vienna, Piarist Church

位于马利亚·特鲁（Maria Treu）的皮亚斯特教堂被认为是奥地利著名建筑师约翰·卢卡斯·冯·希尔德布兰特（Johann Lucas von Hildebrandt）的代表作之一。虽然教堂的设计方案在1698年就已经完成，但直到1716年教堂才得以竣工。

第132页图：教堂外立面；上图：1752年由弗朗茨·安东·毛尔贝奇（Franz Anton Maulbertsch）绘制的天顶画；左下图：教堂内部。

　　约翰·卢卡斯·冯·希尔德布兰特在设计风格上与同时期的其他建筑师迥然不同。例如菲舍尔·冯·埃拉赫曾尝试对建筑的整体空间进行改良，让建筑整体更显生动。而希尔德布兰特则专注于改善建筑的个别区域，并用更为美观的方式呈现在世人眼前，体现出他对洛可可这种优雅风格的独到见解。皮亚斯特教堂是奥地利-波希米亚巴洛克风格（Austro–Bohemian Baroque）建筑的典范，不过目前尚不清楚希尔德布兰特在整座建筑的设计和建造工程中实际投入了多少工作量。教堂的天顶画以"圣母加冕"为主题，还有《旧约》和《新约》中的代表人物形象，该天顶画是弗朗茨·安东·毛尔贝奇接收的第一个委托项目，实际上他在创作中只收取了微薄的报酬，但天顶画仍然将艺术家在色彩表达方面的天赋展露得淋漓尽致。整体而言，整座教堂建筑不同寻常的巴洛克风格、教堂内描绘《旧约》和《新约》场景的天顶画，仿佛是为皮亚斯特教堂量身定做的一般，使其充分地展示出别具一格的建筑特点。

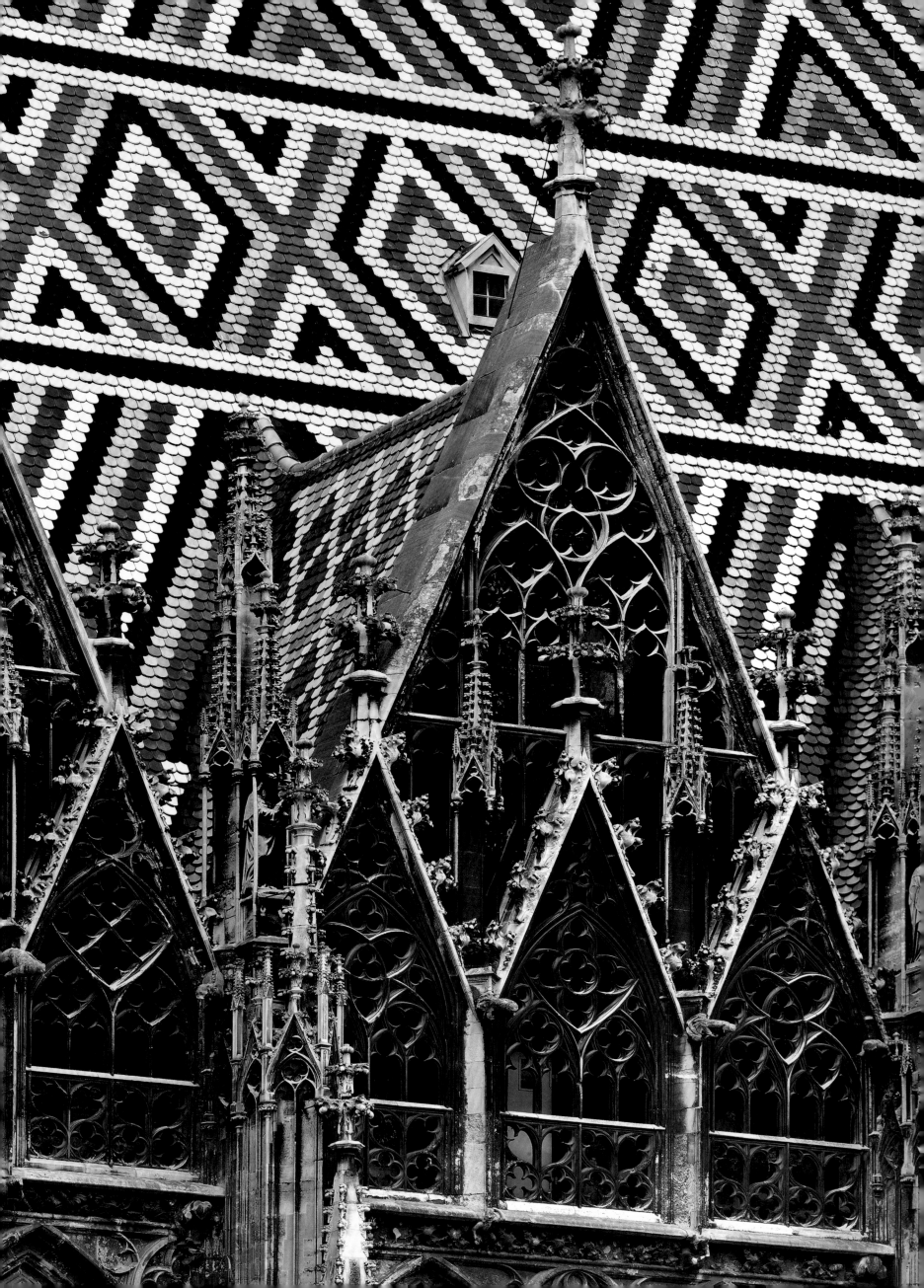

维也纳史蒂芬大教堂
Vienna, Stephansdom

史蒂芬大教堂，也称圣司提反大教堂（St Stephen's Cathedral），是维也纳的地标性建筑。教堂始建于1137年，并经历数次扩建，教堂尖耸的顶部装饰有彩色的几何图案瓷砖。

第134—135页图：教堂的顶部；第136页图：晚期哥特式风格的教堂中殿；第137页图：安东·皮尔格拉姆（Anton Pilgram）于1514—1515年设计的传统风格布道坛。

　　史蒂芬大教堂的外观被亲切地称为"斯蒂夫"（Steffl），它见证了从中世纪一直到现代早期，建筑风格的发展进程。大教堂西立面是整座建筑较为古老的部分之一，采用罗马式的建筑风格，这里有著名的"巨人之门"（Giant's Door）。现在我们所见的史蒂芬大教堂于1263年建造，1304年教堂的三通道唱诗班席大厅正式开始动工，随后教堂的其他部分（包括塔楼等）也很快开始了重建工作。教堂的装饰风格跨度包含了从文艺复兴直到巴洛克时期。在这些奢华的装饰中，由安东·皮尔格拉姆设计的管风琴基座和布道坛尤为引人注目，皮尔格拉姆自1511年至1515年担任教堂的建筑主管。教堂布道坛底部的雕塑，展示了一个正在透过窗户偷看的人，这被认为是皮尔格拉姆带有幽默风格的个人雕像。

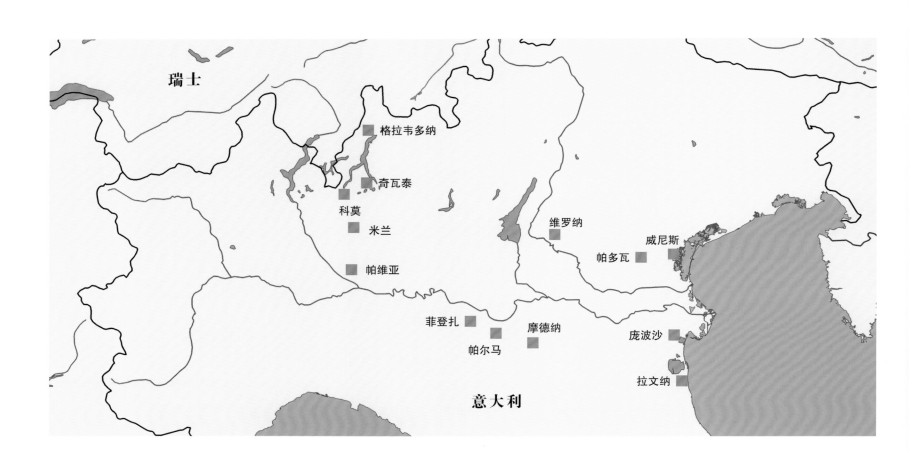

瑞士

格拉韦多纳

奇瓦泰

科莫

米兰

帕维亚

维罗纳

威尼斯

帕多瓦

菲登扎

摩德纳

庞波沙

帕尔马

拉文纳

意大利

从科莫湖到拉文纳

基督教艺术的第一个千年

罗马帝国的衰落和中世纪大量的人口迁徙，意味着欧洲版图的重构。"条条大路通罗马"的历史已经改变，新的文化中心开始出现，尤其是意大利北部城市，已经逐渐瓦解了罗马作为"永恒之城"的地位。罗马的中心地位实际上在东罗马帝国与西罗马帝国分裂后就日渐式微，君士坦丁堡（Constantinople）作为东罗马帝国的新首都，令罗马城的作用进一步削弱，直到16世纪，罗马才再次成为基督教世界的焦点。

在阿尔卑斯山的边缘地区，米兰（Milan）和拉文纳（Ravenna）这两座城市逐渐发展为重要枢纽，并成为早期基督教世界的聚焦之地。公元313年，《米兰敕令》（Edict of Toleration）的颁布使基督教会合法化，宣告了罗马帝国境内基督徒的信仰自由；而拉文纳作为重要的港口城市，在公元402年取代米兰成为西罗马帝国的首都。在将近一百五十年的时间里，位于亚得里亚海（Adriatic）岸边的这座城市经历了发展的黄金时期，众多宏伟华丽的教堂和洗礼堂就是最好的证明，只有几个世纪之后建成的威尼斯圣马可大教堂（St Mark's Basilica），凭借其举世闻名的拜占庭（Byzantine）风格的装饰绘画，才能与这里相媲美。

基督教的传播促使意大利北部形成了一片主教辖区，并与阿尔卑斯山相接壤，这里的教堂建筑经常采用罗马堡垒风格的结构，宏伟的市政厅和华丽的教堂交相辉映，周边则簇拥着集市和城镇。这里的主教和市民经常会在教会的教义阐释上产生分歧，双方都会在建筑设计和风格选择方面努力扩大自己的影响力。

在意大利北部，采用传统、建造精良的罗马道路的贸易路线贯穿了这里主要的城镇，这些道路同时连接了地中海地区（Mediterranean）以及欧洲中部和北部，为这些地区的艺术交流和艺术品传播做出了重要贡献。因为在罗马被加冕为神圣罗马帝国皇帝的德国国王，要在阿尔卑斯山和波河流域（Po Valley）地区经历漫长的旅程才能到达意大利北部，而现在便利的交通让他们非常乐于发展这里的城市经济和文化。

在这样的历史背景下，这里的大片区域——尤其是伦巴第大区，艾米利亚-罗马涅大区（Emilia Romagna）和威尼托大区（Veneto）能够成为早期基督教、早期中世纪和罗马式建筑的中心，就一点也不足为奇了。在其他地方很难见到如此多的大教堂和修道院林立在狭小的区域里，只有亲临科莫湖-拉文纳这一区域，你才能分明地感受到从古代世界到中世纪的延续性，感受到非基督教罗马遗产与基督教文化之间的联系。

科莫圣阿邦迪奥大教堂
Como, Sant' Abbondio

科莫圣阿邦迪奥大教堂这片区域，最早
的建筑采用早期基督教风格，并专门奉
献给圣彼得和圣保罗，之后教堂改造为
罗马式风格。教堂的外立面并没有太多
装饰性雕塑，内部空间也显得尤为宽敞
壮观，唱诗班席墙面上还装饰有14世纪
的壁画。第141页右上局部图呈现的是
基督在约旦河（River Jordan）接受洗
礼的主题。

　　大约在11世纪中叶，本笃会的修
士们为科莫的圣阿邦迪奥大教堂举行
了奠基仪式。1095年，教皇乌尔班二
世（Pope Urban II）正式为这座教堂
祝圣。这座五通道的罗马式大教堂装饰
有人物雕塑和抽象雕塑，教堂唱诗班席
侧翼的塔楼体现了意大利传统之外的建
筑风格，它成功地结合了北阿尔卑斯和
伦巴第风格的元素。教堂东侧的圣殿墙
壁上绘有从早期文艺复兴起的壁画作品，
壁画所表现的内容除了基督的生平事迹
之外，还有很多其他圣经中的形象（天
使，先知，福音传道者，使徒和教父
等）以及神话和幻想中的生物。以四联
像为例，四联像是象征基督教四位福音
书作者圣马太、圣马可、圣路加和圣约
翰四人的画像或图案的组合。

格拉韦多纳
菩提树圣母教堂
Gravedona, S.Maria del Tiglio

格拉韦多纳菩提树圣母教堂建于12世纪，拥有引人注目的彩色外观墙。

右图：教堂外观；第143页图：教堂的内部装饰，左侧有巨大的木制基督受难十字架，同样可以追溯到12世纪。

　　格拉韦多纳菩提树圣母教堂坐落在风景如画的科莫湖西岸，教堂集中式（Central-plan）的风格和高耸的造型使其成为伦巴第罗马式风格教堂的一个例外。实际上早在公元823年，这里似乎就已经存在一座建筑，法兰克的编年史中记载有这里有一座装饰有"神迹"壁画杰作的洗礼堂。而现如今我们看到的教堂则要追溯到12世纪，不过教堂仍沿用了一些古老的早期基督教雕塑和马赛克装饰。教堂的布局非常有特点，它的中央空间延伸出三座后殿，这可能同样与之前的建筑构造有关。教堂外观上最为引人注目的地方，当属其外立面建造所使用的源自奥尔乔（Olcio）采石场的白色大理石和黑色砖石。教堂的内部装饰中，12世纪木制十字架非常醒目，可惜的是教堂的壁画只有比较著名的一小部分保留了下来。

奇瓦泰圣彼得修道院
Civate, S.Pietro al Monte

从奇瓦泰市沿山路到达圣彼得修道院和邻近的本笃会教堂，沿途随处可见如诗如画的风景，这座位于山清水秀之地的教堂建于11至12世纪。

第144—145页图：修道院建筑群；第145页右下图：本笃会教堂的内部；第146—147页图：教堂内部的壁画，壁画描绘了基督和大天使米迦勒（Archangel Michael）对抗恶龙的场景。

在这里你能看到科莫湖美丽的景色，欣赏令人震撼的修道院外观，以及教堂内极富表现力的壁画作品，所有的一切都令人感到兴奋。壁画描绘了《启示录》（Apocalypse）中记载的大天使米迦勒与七首龙之间的战争。这些创作于11世纪晚期的壁画，至今保存十分完好，生动地呈现了复杂的神学思想，并用铭文解释了其中的一些场景。灰泥和彩绘装饰质量同样很高，既可以用于装饰，也可以作为图像的背景。虽然圣彼得修道院地理位置有些偏僻，但这并不影响其作为意大利北部罗马风格的重要代表教堂之一的地位。

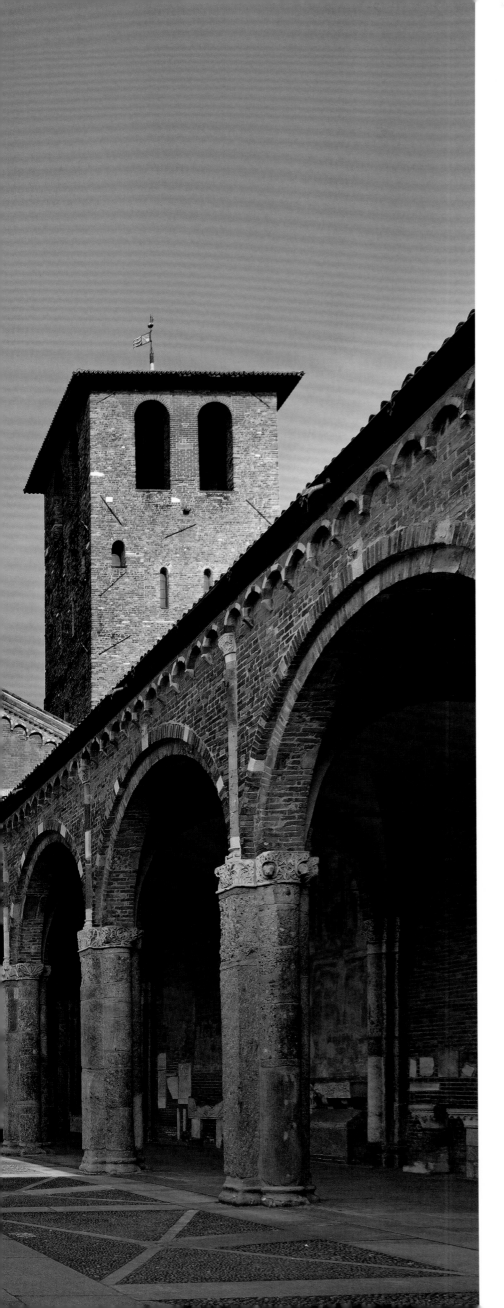

米兰圣安布罗斯教堂
Milan, St Ambrose

圣安布罗斯教堂建于公元9到12世纪，是意大利重要的中世纪教堂之一。教堂的前面是一个开阔的庭院，教堂内部则藏有许多珍贵的艺术品，例如第150—151页呈现的由沃尔维尼乌斯（Volvinius）建于9世纪加洛林时期的金色祭坛和建于古典时代晚期（Late Antiquity）的罗马式讲坛（位于石棺之上），后者被称为"斯提里科之冢"[1]（Stilicho's Sepulcher）。

———————————

1 弗拉菲乌斯·斯提里科（Flavius Stilicho）是西罗马帝国著名的将军，一生战绩显赫，亚历山大里亚诗人克劳迪安（Claudian）就曾赞颂意大利的荣耀将在他的辅佐下再度复兴。

　　圣安布罗斯教堂的很大一部分建立在赫尔瓦修斯（Gervasius）和普罗塔修斯（Protasius）两位圣徒的陵墓上，主教安布罗斯则于公元4世纪安葬在这里。如今我们所见的教堂，最初的三通道式教堂在9世纪被中世纪教堂取代，在1088—1128年，教堂改造为罗马式外观并沿用至今。教堂的前面是宽敞的中庭，周围则环绕着柱廊，体现出鲜明的早期基督教建筑特征。许多朝圣者会集中在教堂的喷泉中沐浴，他们认为在此沐浴可以洗净罪恶的污垢。进入到教堂内部，游客们通常会被教堂内部的巨大空间所震撼。关于教堂中殿的肋拱，据说可追溯到1117年，尽管这一说法目前仍存争议，但仍能体现出教堂的历史感。圣安布罗斯教堂中藏有许多著名的艺术杰作，其中就有沃尔维尼乌斯设计的金色祭坛，该祭坛建于9世纪的加洛林时期。此外还有一座建于古典时代晚期的罗马式讲坛，讲坛装饰有样式丰富的雕塑作品，都是基督教传说中提及的形象，这些雕塑造型被巧妙地融于建筑之中，显得尤为生动。

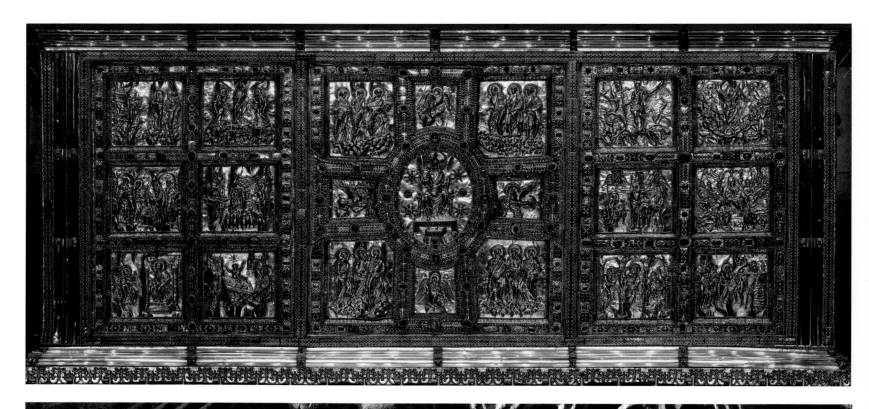

帕维亚圣米凯莱教堂
Pavia, S. Michele Maggiore

位于帕维亚的圣米凯莱教堂又称圣米迦勒主教堂（St Michael Major）是历代国王和君主加冕的地方，这座教堂建于12世纪中叶，在中世纪时极负盛名，教堂的外立面装饰有精致的雕塑。

现在所看到的圣米凯莱教堂，是在经历了1117年那场灾难性的地震和火灾之后，于12世纪中叶重建而成的。教堂有许多独特之处。比如装饰华丽的外立面上分布的壁柱，这种造型在意大利北部曾风靡一时，壁柱高低的搭配突出了山墙的三角形结构。再比如点缀有栩栩如生雕塑的教堂门廊，这些雕塑主题各异，从圣经故事到圣徒的日常生活，再到一些狩猎场景和罗马式艺术所钟爱的怪兽和神话传说。凹凸的雕塑装饰带横贯了教堂的外立面，同时镶嵌的装饰也为教堂的墙面增添了生机与活力。

菲登扎大教堂
Fidenza, St. Domninus

菲登扎大教堂是为了纪念圣多姆尼纳斯（St Domninus）而建造的，在圣多姆尼纳斯殉难之后，遗体安葬之处就是今天菲登扎大教堂所在的位置。现在所见的教堂建筑，于1170年左右始建，但整个建造的工程一直到13世纪才宣告结束。教堂的外立面至今仍未完成，但却装饰有非凡的雕塑杰作，我们可以在教堂正门的两侧看到仁立着两位先知的塑像，分别是大卫和以西结，这两件雕塑被认为是著名雕塑家贝内代托·安泰拉米的作品。安泰拉米曾主要在意大利的帕尔马（Parma）活动，这两件作品是他在中世纪意大利创作的第一批纪念性雕塑。在教堂的楣梁顶部，有专门记叙圣多姆尼纳斯传说的浮雕楣板，展示了他在罗马帝国皇帝马克西米安宫廷中的生活，以及他皈依基督教和遭受迫害等一系列传奇故事。

菲登扎大教堂建于1170年至13世纪中叶，虽然教堂的外观并不完整，但它别具一格的雕塑装饰仍能令人眼前一亮：例如正门上方的雕塑饰带（第155页上图），以及罗马晚期建筑家、雕塑家贝内代托·安泰拉米（Benedetto Antelami）于1170年前后创作的先知以西结塑像（第155页右下图）。

帕尔马大教堂
Parma, Assumption of the Virgin Mary

帕尔马大教堂又称圣母升天大教堂，1117年的地震之后，教堂就采用罗马式的风格进行修建并沿用至今，贝内代托·安泰拉米负责教堂外观和内部装饰的设计工作，教堂穹顶饰有柯勒乔（Correggio）于1526—1530年创作的《圣母升天》天顶画。

下图：柯勒乔《圣母升天》；第158—159页图：《下十字架》（Deposition from the Cross）浮雕，创作于1178年。

　　帕尔马是意大利北部从古代到现代早期的经济和文化中心城市，这一点在帕尔马精致的罗马式大教堂和洗礼堂中体现得淋漓尽致。这些建筑主要由建筑师和雕塑家贝内代托·安泰拉米设计。安泰拉米是当时尤其著名的艺术家。在帕尔马教堂的众多装饰细节中，最受瞩目的当属安泰拉米设计的《下十字架》浮雕，这种平衡性的构图为意大利中世纪雕塑树立了榜样，上面的铭文记述了艺术家的名字和创作时间1178年，不过目前尚不清楚这件作品是否是讲坛的一部分。这座教堂的八角形圆顶，在16世纪由著名画家柯勒乔绘制了广为人知的天顶画《圣母升天》，该作品被誉为幻觉透视法的巅峰之作。

帕尔马洗礼堂
Parma, Baptistery

　　帕尔马的八角洗礼堂在造型上沿袭了早期基督教洗礼堂的传统，在1196—1220年由贝内代托·安泰拉米主持设计，被认为是意大利宗教艺术颇具代表性的建筑之一。与帕尔马大教堂中的《下十字架》浮雕类似，安泰拉米在洗礼堂中的作品同样有署名，这就间接地告知了后人这座洗礼堂施工的起始日期。与早于其三十年的克雷莫纳洗礼堂（Baptistery of Cremona）相比，帕尔马洗礼堂在入口和内都拥有更为复杂精致的雕塑装饰。而洗礼堂外部的雕塑则更侧重于表现基督教的救赎史（Salvation History），包括教堂西侧门拱形顶饰（Tympanum）上的《最后的审判》（The Last Judgement，我们在法国的教堂中也经常见到此类题材）；洗礼堂内部雕塑呈现的是教会月度和季度的日常活动，这是第一个表现教会日常重大活动题材的意大利雕塑。

　　建于1196至1220年的帕尔马洗礼堂，同样出自建筑家贝内代托·安泰拉米之手，教堂内墙的拱廊被分为十六个壁龛，洗礼堂入口则装饰了丰富的雕塑作品。教堂穹顶壁画的创作时间可以追溯到13至14世纪。

摩德纳大教堂
Modena, St Geminianus

　　摩德纳大教堂是为了纪念这座城市的守护圣徒，圣杰米尼安努斯（St Geminianus）而建造的，我们可以看到教堂建筑师和雕塑家在创作之后留下的铭文——铭文称赞了出色的建筑师兰弗朗库斯（Lanfrancus）和著名雕塑家威利杰尔姆斯（Wiligelmus）为教堂的建造所做出的巨大贡献。教堂外观雄伟，外立面上的浮雕表现了《创世纪》中的场景，作为装饰的玫瑰花窗（Rose Window）则由安塞尔莫·达坎皮奥内（Anselmo da Campione）设计。教堂正门前左右两侧的狮子雕塑的形象源于罗马，内部的圣坛屏则于1170至1175年建成，是同类圣坛屏中年代最久远的。尽管圣坛屏在反宗教改革期间曾遭到拆除，但1920年又得以重建。后面的几张插图是圣坛屏和布道坛的细节特写，我们可以看到圣坛屏上描绘的场景包括《基督受难》(Christ's Passion)、《基督为门徒洗脚》(Washing of the Feet) 以及《最后的晚餐》(The Last Supper)。教堂于13世纪添加了布道坛，上面的浮雕包括基督圣像（Christ in Majesty）和几位福音书传道者的形象。

摩德纳大教堂始建于1099年，这一时期主教的位置暂时空缺，因此当地的民众为教堂的建造做出了巨大的贡献。

第162—163页图：教堂中殿；右下图：教堂外立面；第164—165页图：创建于1170至1175年的教堂圣坛屏及其细节。

维罗纳圣芝诺教堂
Verona, St Zeno

这座罗马式的教堂建于1118年至1137年。

左下图：教堂内部；第166—167页图：教堂主建筑西立面和塔楼（建于12世纪），右侧钟楼的建造时间则为1045年，早于主建筑的建造时间；第168、169页图展示了教堂侧门上的青铜浮雕，共有四十八处，创作时间可追溯到约1100至1200年。

浮雕表现内容如下：

第168页图：（按从左到右、从上到下的顺序）：

上帝质问亚当和夏娃（God Questions Adam and Eve）

逐出伊甸园（Banishment from Paradise）

诺亚的耻辱（Shame of Noah）

亚伯拉罕与三天使、夏甲的放逐（Abraham and the Three Angels, and Repudiation of Hagar）

以撒的献祭（Sacrifice of Isaac）

埃及十灾之长子灾，法老面前的摩西（Last of the Egyptian Plagues, and Moses before Pharaoh）

第169页图：

圣芝诺救治公主（St Zeno Healing the Princess）

大天使米迦勒战恶龙（Archangel Michael Fighting the Dragon）

受胎告知（Annunciation to the Virgin Mary）

下十字架

地狱中的基督（Christ in Limbo）

最后的审判

在圣芝诺教堂的位置上，曾有五座建筑先后建造在这里，尽管历代的战争和火灾给教堂留下了处处痕迹，但这座以维罗纳保护圣徒圣芝诺命名的教堂仍保存有大量的艺术珍品。教堂典雅精致的入口由当时著名的建筑师尼古拉斯（Master Nicholas）设计，建于1135—1138年，门口两侧分别有一尊红色大理石制的石狮雕塑。然而整座教堂最引人注目的部分当属教堂侧门的四十八处青铜浮雕，其主题与圣经《旧约》《新约》的内容以及圣徒芝诺的生平事迹有关，仔细观察这些青铜浮雕，可以发现它们至少有两种创作风格，它们创作的时间和地点显然都不尽相同。

彭波萨修道院
Pomposa, Our Lady

庞波沙的本笃会修道院旁边，矗立着一座非常高大显眼的钟楼，这片建筑群建于公元8世纪到11世纪。

第170页左图：教堂的钟楼和前厅（两者都建于11世纪）；第170—171页图：教堂中殿及其著名的马赛克装饰地板；右下图：教堂前厅的饰带细节。

庞波沙修道院位于波河（Po River）河口处的一座小岛上，这座本笃会圣母修道院的前身大约始建于公元7世纪。在中世纪盛期，这座修道院发展成一个精神和文化的交流中心——皇帝、国王和诗人甚至包括但丁（Dante）都曾在这里住过。现在所见的修道院教堂建于公元8至11世纪，修道院中殿壮观的马赛克装饰地板融合并再利用了多种古老的材料。教堂中殿的壁画是由来自博洛尼亚（Bologna）的画家于14世纪创作的。教堂开阔的中庭是多种建筑材料综合使用，堪称罗马式装饰风格混搭的典范。教堂钟楼建于1063年，高48米，无疑成为这里最具吸引力的地标性建筑。

威尼斯圣马可大教堂
Venice, St Mark

威尼斯圣马可大教堂收藏了福音作者圣马可的遗物，这些遗物于公元828至829年被带到威尼斯。教堂始建于1063年，融合了拜占庭建筑和威尼斯装饰风格。

右上图：用12世纪珐琅制作的大天使米迦勒形象；下图：圣马可教堂和广场；第173页图：从东侧看教堂内部。

　　圣马可大教堂是一座五圆顶的十字型教堂，其建造模板是君士坦丁堡的圣使徒教堂（Church of the Holy Apostles），公元6世纪，圣马可教堂在拜占庭皇帝查士丁尼（Justinian）的命令之下开始建造，1073年教堂得以祝圣，1094年正式竣工。教堂气势恢宏、装饰华美，尤以金色马赛克、大理石和青铜装饰著称，教堂的装饰工作一直持续到13世纪，这些装饰令教堂成为典型的中世纪"艺术殿堂"。教堂内部最吸引人的部分当属祭坛台上方的金色围屏（Pala d'Oro）以及装饰有黄金、珍珠和宝石的高祭坛。此外教堂还有许多于1342年创作的黄金艺术品，其中就包括来自君士坦丁堡的珐琅镶板。

拉文纳圣维塔莱教堂
Ravenna, S. Vitale

意大利北部城市拉文纳有保存完好的早期基督教建筑和颇具代表性的马赛克装饰，其中世纪的风采一直延续至今。

右上图：圣维塔莱教堂中拜占庭皇帝查士丁尼的马赛克肖像画；下图：教堂外观；第175页图：教堂圣殿内部（于公元547年祝圣）。

拉文纳最早只是意大利的一座港口城市，后来在皇帝霍诺留（Honorius）的诏令下，拉文纳成为西罗马帝国的首都。在此仅仅一百年之后的公元494年，东哥特人（Ostrogoths）的国王狄奥多里克（Theodoric）征服了这座城市并在此建造了众多宏伟的建筑，甚至还将自己的宫廷建造于此。其中，圣维塔莱教堂由于其宽阔的内部空间构造，在早期基督教的建筑中占据了重要地位。当时的银行家尤利奥努什·阿尔真塔里乌斯（Julianus Argentarius）为教堂的建造提供了资助。教堂始建于公元526年，借鉴了几乎与其同时期建造的小圣索菲娅大教堂 [Little Hagia Sophia，原名为圣塞尔吉乌斯和圣巴克斯教堂（St Sergius and St Bacchus）] 的建筑构造而设计，教堂立柱和柱头都来自君士坦丁堡的作坊。

拉文纳圣阿波利纳尔大教堂
Ravenna, S. Apollinare in Classe

这座风格独特的早期基督教堂坐落在拉文纳城市边缘的古海军港，于公元549年祝圣。

左下图：教堂奉献圣徒圣阿波利纳尔的马赛克装饰肖像；第176—177页图：从东侧看教堂内部构造。

    拉文纳的圣阿波利纳尔大教堂，尽管外观构造较为简单，但教堂装饰精美的内部空间仍然吸引了大批游客。教堂内部有两排大理石柱，每排十二个，在教堂内部分隔出了两条走廊供行人步行游览。这些石柱装饰着叶型涡卷柱头，产自君士坦丁堡，通过船运到亚德里亚（Adriatic）港口。教堂内部的凯旋门和后殿，精美的马赛克装饰令人赞叹，尤其是后殿，描绘有基督显圣容（Transfiguration of Christ）主题壁画，周围天堂般的环境令人流连忘返。我们可以看到拉文纳第一任主教圣阿波利纳尔的肖像，在他的身旁有十二只羔羊，这十二只白羊就象征了基督的十二位圣徒。

米兰

威尼斯

曼图亚

意大利

里米尼

佛罗伦萨

蒙特普尔恰诺

从佛罗伦萨到威尼斯

文艺复兴的标志性建筑

坐落在亚诺河（Arno）上的佛罗伦萨，一直被认为是文艺复兴的诞生地，这通常会称为"古典的重生"。文艺复兴起源与托斯卡纳大区（Tuscany），并且这种"复兴"的意识很快就得到传播并根植于意大利的知识阶层中。建筑在文艺复兴的进程中占据了重要地位，对维特鲁威（Vitruvius）建筑书籍的再研究确定了适用于建筑艺术的规则。

在佛罗伦萨由布鲁内莱斯基（Brunelleschi）参与设计的两座大教堂宣告了在建筑领域文艺复兴的时代已经到来，圣洛伦佐教堂（S. Lorenzo）和圣灵教堂（S. Spirito）为当时的建筑提供了新的设计语言和风格。同时，这位建筑大师完成了对佛罗伦萨（圣母百花）大教堂穹顶的大胆设计，而这一方案在以前看来是不可能实现的壮举。

相比之下，传统的拉丁十字式（Latin Cross）教堂建筑结构在理论家莱昂·巴蒂斯塔·阿尔贝蒂（Leon Battista Alberti）看来已经过时了，他更喜欢圆形、方形、六边形和八边形的构造，因为他觉得圆形和多边形的对称性更为自然。不过尽管如此，他的很多想法仅仅停留在理论中，并没有付诸实践。

令人惊讶的是，很多之前计划建造于市中心的教堂最后却建在了比较偏远的位置，如蒙特普尔恰诺的圣布莱斯教堂（St Blaise in Montepulciano）。该教堂建于16世纪初，拥有阿尔贝蒂构想中的一切特点，其造型特点突出，但略显偏远的位置使其有别于人们通常所描述的其他"朝圣之所"。

阿尔贝蒂可以说是教堂的外立面的设计先驱，他先后在新圣母大教堂（S. Maria Novella）和曼图亚的圣安德鲁教堂（St Andrew's Basilica in Mantua）设计中，采用罗马凯旋门作为教堂的建筑外立面装饰式样，完成了一项划时代的壮举。类似的手法在马拉泰斯塔教堂（Tempio Malatestiano）中则更为明显——这实际上是一座方济会教堂，最初是为暴君西吉斯蒙多·马拉泰斯塔（Sigismondo Malatesta）建造的［参见里米尼的圣方济各教堂（St Francis, Rimini）］。这些异教元素现在同样被用于教堂建筑的装饰中，并没有阻碍建筑风格的进一步发展。

在威尼斯，拜占庭和哥特式建筑风格在整个15世纪占据了重要地位，因此在接纳文艺复兴风格的过程中显得有些摇摆。然而，为了纪念圣母马利亚而建造的奇迹圣母教堂（S. Maria dei Miracoli），向人们展示了对古典雕塑形式的灵活运用。

在这段旅程即将结束时，我们迎来了文艺复兴式建筑的顶峰时期，典型的代表是安德烈亚·帕拉迪奥（Andrea Palladio）的建筑，包括威尼斯救主堂（Il Redentore）和圣乔治马焦雷教堂（S. Giorgio Maggiore），这位意大利北方建筑大师在其中表现出天才般的建筑天赋，他的这些作品成就了威尼斯的城市景观。他参与建造的建筑，外立面都能与周围的环境融为一体并突出建筑物的主题特征，这些建筑分别为朱代卡运河（Giudecca Canal）和威尼斯大运河（Grand Canal）提供了完美和谐的人文背景。

佛罗伦萨大教堂
Florence，Cathedral

这座佛罗伦萨的哥特式大教堂在很长时间以来都处于未完成的状态，它壮观的穹顶是在15世纪加上去的。

第180页图：布鲁内莱斯基（1418—1434年）设计的穹顶；下图：于14世纪完工的教堂中殿；第182—183页图：《最后的审判》大型壁画，于1572年由乔治·瓦萨里（Giorgio Vasari）绘制。

佛罗伦萨大教堂穹顶的成功建造，可以算是布鲁内莱斯基在建筑技术方面完成的一项奇迹。尽管建造一个跨度为45.52米的教堂穹顶在当时看来几乎是不可能的，在14世纪中叶，教堂已经有扩大唱诗班席规模的决定，因此当时大教堂的主建筑师不得不宣誓他能够完成这一项目。1418年，佛罗伦萨大教堂就穹顶的建造方案再次招标，布鲁内莱斯基那巧妙的建筑方案成功入选。他提出了一种有很强自支撑式的双壳结构，加以肋拱顶辅助加固，让穹顶重量分散于穹顶周围，使压力能够顺利向下传导，因此可以使穹顶在没有额外支撑结构的情况巍然耸立。

佛罗伦萨圣洛伦佐教堂

Florence，S. Lorenzo

圣洛伦佐教堂始建于1420年，理性和精准是布鲁内莱斯基设计的这座大教堂最显著的特征，它的建成极大地推动了文艺复兴建筑在托斯卡纳地区的历史进程。

第184页图：教堂内部；下图：多那太罗（Donatello）设计的讲道坛，1460年之后建造。

圣洛伦佐教堂和圣灵教堂（后者建于1436年，详见第186—187页）均借鉴了早期基督教堂的平顶天花板的设计构造，并将这一特点与文艺复兴建筑风格加以融合。圣洛伦佐教堂三通道的中殿被科林斯式的立柱分隔开来，拱墩牢固地支撑着拱廊、楣梁和天窗。教堂的地板到上层的建造计划都遵循着缜密的建筑逻辑，就连教堂的唱诗班席也是如此。简洁的构造、和谐的比例以及古老的建筑装饰突出了教堂的风格。教堂的两个铜制讲道坛则是佛罗伦萨著名雕塑家多那太罗的晚期杰作。

佛罗伦萨圣灵教堂
Florence, S. Spirito

圣灵教堂坐落在亚诺河南岸的奥特拉诺区（Oltrarno），1434年，布鲁内莱斯基被委任主持建造这座献给圣奥古斯丁的教堂，教堂的建筑工程从1436年一直持续到1484年。

下图：由朱利亚诺·达·圣加洛（Giuliano da Sangallo）于1488—1496年设计建造的教堂圣器室；第186—187页图：由布鲁内莱斯基为教堂设计的中殿。

    圣灵教堂被认为是布鲁内莱斯基较成熟的建筑作品之一，但遗憾的是布鲁内莱斯基本人并没能等到教堂建成的那一天。与圣洛伦佐教堂类似（详见第184—185页），教堂采用拉丁十字结构，并有空间较大的耳堂。与旧式教堂相比，圣灵教堂的内部空间被规划得十分精细：教堂内部布满拱式结构，包括交叉扶壁和唱诗班席。朱利亚诺·达·圣加洛是比布鲁内莱斯基年轻两代的建筑师，他为教堂设计了中殿北侧的圣器收藏室，这一设计延续了布鲁内莱斯基等前辈的风格。

佛罗伦萨帕齐礼拜堂
Florence, Pazzi Chapel

帕齐礼拜堂是由著名的帕齐家族委托布鲁内莱斯基设计的，帕齐家族最初想在圣十字大教堂（S. Croce）旁建一座以家族名字命名的礼拜堂，最后这里成了那些曾捐助过教堂的家族成员的安葬之处，同时也是方济会的教堂会堂。

左图：礼拜堂门廊；第189页图：礼拜堂内部（建于1442—约1470年）。

尽管帕齐礼拜堂在佛罗伦萨圣十字教堂建筑群中占据的空间很小，但它却拥有分明的几何结构造型和有序的装饰布置。帕齐家族的葬礼堂是一个典型的立方体结构，顶部是分成了十二个部分的圆形拱顶，光线透过圆形窗户后会照亮其内部空间。教堂的外观以凯旋门为主题，前面有宽阔的门廊，包括了壁柱和拱门结构。卢卡·德拉·罗比亚（Luca della Robbia）和他的工作室学徒们为其增添了色彩鲜艳的赤陶装饰。

佛罗伦萨新圣母大教堂
Florence, S. Maria Novella

　　文艺复兴早期的很多教堂建筑都没有十分引人瞩目的外观，也没有教堂使用较早的外墙立面。这种情况是因为在文艺复兴时期，人们很难在教堂高度如此高的情况下建造神庙风格的教堂正立面。只有莱昂·巴蒂斯塔·阿尔贝蒂克服了这个问题，并在新圣母大教堂的设计中开创了历史。在这座建筑中，哥特式风格与文艺复兴早期结构完美融合，阿尔贝蒂隐藏了较高中殿和较低的侧通道之间的过渡结构，并通过增添巨大的涡卷形装饰，和谐地协调了三角形山墙和阁楼区。

著名的商人乔瓦尼·鲁切拉伊（Giovanni Rucellai）赞助了教堂外立面的建造。教堂的上层部分自1458年起由莱昂·巴蒂斯塔·阿尔贝蒂重建。

第190—191页图：教堂外观；下图：教堂内部，建于13至14世纪；第192—193页图：托尔纳博尼主礼拜堂（Tornabuoni Chapel）中的《圣母降生》（Birth of the Virgin Mary）壁画，于1490年由多梅尼科·吉兰达约（Domenico Ghirlandaio）绘制。

蒙特普尔恰诺圣布莱斯圣母教堂
Montepulciano, Madonna of St Blaise

这座与世隔绝却又引人注目的圣布莱斯圣母教堂是这片区域的标志性建筑，它由老安东尼奥·达·圣加洛（Antonio da Sangallo）设计，建于1518年至约1540年。

下图：教堂外观；第193页图：教堂内部。

这座教堂位于蒙特普尔恰诺镇的边缘，却在文艺复兴的建筑中占据重要地位，由于其接近古典样式的造型和系统有序的空间划分，被视为同类建筑中最有"智慧"的教堂。教堂采用了传统的希腊十字结构和多立克（Doric）柱式，这让它显得朴实而不失精致。一座高耸的钟楼（另一座没有完工）矗立在教堂的西北侧，建筑师老安东尼奥·达·圣加洛为这座教堂设计了圣母神龛。教堂在外观上与周围的风景环境完美融合在一起，被认为是文艺复兴时期托斯卡纳地区尤为经典的建筑之一。

里米尼圣方济各教堂
Rimini, St Francis

莱昂·巴蒂斯塔·阿尔贝蒂将这座哥特式的方济会教堂改造成了西吉斯蒙多·马拉泰斯塔的墓葬礼拜堂。

第196—197页图：1446年建成的教堂立面；第198页图：阿戈斯蒂诺·迪·杜乔（Agostino di Duccio）于1450—1457年完成的浮雕作品，描绘了月亮女神露娜（Luna）的形象；第199页图：修道院的一处细节，用来纪念教堂赞助人的祖先。

里米尼的圣方济各教堂在某种程度上体现了教堂赞助人（即马拉泰斯塔君主）财权实力的不断增长，这在同时期的其他纪念性建筑中都属罕见。在著名建筑师莱昂·巴蒂斯塔·阿尔贝蒂和雕塑家阿戈斯蒂诺·迪·杜乔的努力下，圣方济各教堂被改造为西吉斯蒙多·马拉泰斯塔和他爱人伊索塔·德利·阿蒂（Isotta Degli Atti）的私人教堂。这座建筑外观的古老风格让人不由联想起凯旋门，同时其中高度复杂的新柏拉图式（Neoplatonic）造像很容易使人忘记它实际是一座方济会教堂。然而，这座"马拉泰斯塔教堂"（Tempio Malatestiano）至今仍未完成，部分原因是教皇皮乌斯二世（Pope Pius II）对于教堂的异教风格特征持反对意见。

曼图亚圣安德鲁教堂
Mantua, St Andrew

与雷米尼的马拉泰斯塔教堂类似，曼图亚圣安德鲁教堂的外立面同样参照了罗马凯旋门的造型来建造，但圣安德鲁教堂的规模显然更大。教堂的外立面装饰有三角形的山墙和华丽的壁柱，正面的分层结构呼应了教堂内部的构造，教堂中殿采用筒形结构，这种构造对两侧产生的推力巧妙地被教堂的交叉拱顶所吸收，教堂中殿的高度恰到好处地使内部的宽度和墙高形成了3:4的比例结构，这种富有节奏感的构造被称为"韵律海湾"（Rhythmic Bay）。阿尔贝蒂将他对于古代建筑的深刻理解融入曼图亚圣安德鲁教堂的建造之中，使其成为早期基督教建筑中的典范之作。

位于曼图亚的圣安德鲁教堂，由莱昂·巴蒂斯塔·阿尔贝蒂设计，具有典型的盛期文艺复兴和巴洛克风格。

第200—201页图：教堂外立面；下图：立柱柱头细节；第202—203页图：教堂中殿（始建于1472年）。

米兰圣马利亚修道院
Milan, S. Maria delle Grazie

米兰圣马利亚修道院由多纳托·布拉曼特（Donato Bramante，意大利语名Donato di Pascuccio d'Antonio）设计，他从1479年起跟随米兰王子卢多维科（Ludovico il Moro）工作，并创作了许多他的早期杰作。布拉曼特在这座修道院中开创性地设计了三重海螺式唱诗班席，修道院较为古老的中殿由圭尼福尔特·索拉里（Guiniforte Solari）设计，中央巨大的圆顶令人印象深刻。修道院设计中插入的几何元素和特殊的排列方式成为布拉曼特后来建筑风格发展的基础，他在罗马建造的圣彼得大教堂的很多灵感就来源于此。世界上最著名的艺术家莱奥纳多·达·芬奇的《最后的晚餐》就绘制在修道院餐厅的墙壁上。

圣马利亚修道院代表了意大利伦巴第大区早期文艺复兴的建筑风格，修道院内部构造优雅大方，装饰丰富精美。

下图：修道院外观；第204—205页上图：修道院内部穹顶，由布拉曼特设计并于1492年建造完成；第204—205页下图：修道院唱诗班席外观。

威尼斯奇迹圣母堂
Venice, S. Maria dei Miracoli

在15世纪的威尼斯，对于古典和中世纪风格元素的运用持续不减，一个代表性的例子就是奇迹圣母堂，由彼得罗·隆巴尔多（Pietro Lombardo）和其他建筑师于1482到1489年间建造。

奇迹圣母堂修建的目的是容纳圣母马利亚的"神迹"形象，这座教堂揭示了古代的艺术风格可以被多么灵活地理解和运用。大厅是筒形拱顶的教堂，拥有古典的比例、优美的室内壁柱和大理石的装饰，其设计理念和建筑师阿尔贝蒂的观点非常相近，但是其装饰的复杂性和多样性明显来自威尼斯传统。这座整洁的小教堂是彼得罗·隆巴尔多和他的儿子图利奥（Tullio）、安东尼奥（Antonio）的作品。这个家族是威尼托区率先运用托斯卡纳文艺复兴风格的设计师家族。

威尼斯圣乔治马焦雷教堂
Venice, S. Giorgio Maggiore

这座由安德烈亚·帕拉迪奥设计的建筑，其主要特色为质朴优雅、细致的布局和景观营造。

第208—209页图：圣乔治马焦雷教堂，动工于1566年。

虽然帕拉迪奥的主要关注的目标是复原别墅，但他同样为神圣建筑进行了划时代的改造。他成功地将古典神庙的正面用于教堂建筑中。他的另外一个创新在于对普遍的建筑类型学的改造：被建筑理论家喜爱的圆形大厅在反宗教改革运动中被认为有异教色彩，需要十字形结构的方案，这与帕拉迪奥基督教神庙（Christian Temple）的理念相反。然而在圣乔治马焦雷的威尼斯教堂（Venetian Churches）和威尼斯救主堂中，他设法解决了这个问题。在这两个项目中，他将不同种类的空间组合，并用一个拱状的墙体结构将它们连接起来，所以那个十字就被集中化的元素包围起来，而正立面呈现出神庙式的外观。

威尼斯救主堂
Venice, Il Redentore

威尼斯救主堂是为了纪念战胜瘟疫而修建的。

第210页图：由帕拉迪奥设计的教堂的正立面；右图：教堂内景，建造于1577年到1592年之间。

威尼斯救主堂是天才建筑师的神来之笔，其壮观的外观在朱代卡运河河畔尤为引人注目，两个互相重叠的古典神庙样式的立面被完美地组合在建筑的外立面上。完工的正立面像一个舞台布景，被覆盖以一个高耸的壮观的圆顶。就像帕拉迪奥其他的建筑作品一样，教堂的内部有精确的几何结构和均衡的比例，东端令人惊叹的布置被壁柱上的海螺纹衬托得更美了，看上去仿佛教堂的中厅如同集中式的建筑一样。每个七月的第三个周日，威尼斯救主堂会成为朱代卡运河上一列船桥的终点。为了表达对于战胜瘟疫的感激之情，一个游行队伍会横跨船桥。

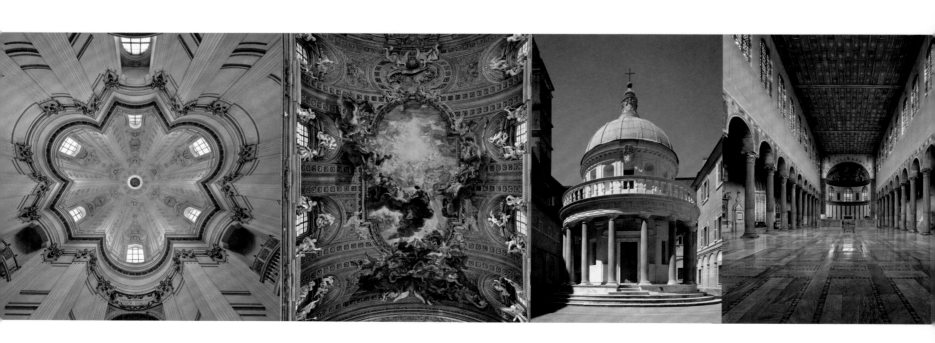

从罗马到佩鲁贾

教堂历史上的重要地点

如果不是从罗马启程的话，如何能开启一段西方基督教的寻根之旅呢？"永恒之城"罗马是使徒彼得和保罗的殉道之所。自从宽恕法令（Edict of Toleration）在311年颁布之后，城墙外的圣彼得大教堂（St Peter's Basilica）和圣保罗大教堂（the Basilica of St Paul）就建在他们的葬身之处。在这之后，无数的纪念基督教殉道徒的教堂被建立起来。

在这些庄严的建筑物中，有几个特别重要：圣彼得大教堂是居住在梵蒂冈（Vatican）的教皇的主教堂，拉特兰圣约翰大教堂（Archbasilica of St John Lateran）是罗马主教所在地，还有包括圣母大殿（St Mary Major）在内的三个其他宗座圣殿以及接受朝拜的罗马朝圣七大殿（Seven Pilgrim Churches）。

以上这些教堂都富丽堂皇，运用了大量的马赛克壁画装饰。然而，几个世纪以来，许多教堂都被大幅度地整修了。我们只能通过文字资料和照片来了解它们的历史。如圣彼得大教堂，教皇尤利乌斯二世（Pope Julius II）为大的新教堂奠定了基石，作为工程的一部分，还把几乎有1200年历史的旧的大教堂给推倒了。将拉特兰大教堂（Lateran Basilica）改造成巴洛克风格的改造工程更加慎重：负责这项工程的建筑师弗朗切斯科·普罗密尼（Francesco Borromini）被要求在教堂的中央保留早期基督教的中殿，同时按照17世纪的欣赏眼光来改造它。

在中世纪和早期现代时期，基督教圣徒与组织有了越来越大的权力和更重要的地位。他们将基督教的信仰介绍到了更广阔的世界，增进了人们的认识，将其传播得更广，最后，寻找到与普通人及他们的日常生活的紧密联系。本笃会修士和克吕尼修道院（Cluny Abbey）的活动会在下一章节中被提到，这里，我们首先注意到方济会士，它的建立者圣方济各在他的家乡阿西西（Assisi）受到尊敬。他是一个富有的布商的儿子，他放弃了所有的财富，甘于一生贫穷。在他1226年去世后，被宣布为圣徒，罗马教皇亲自为阿西西的双教堂奠基，教堂被装饰以大量的壁画，圣方济各的骨灰于1230年被转移放置在这里。同样，锡耶纳（Siena）的圣贝尔纳迪诺（St Bernardino）在佩鲁贾受到尊敬，他治愈了许多在瘟疫中受害的人。

在1534年建立的耶稣会（Jesuit Order）的成员将自己视为传教士和中间人，传播关于学习和精神洞察力的信仰。他们的大本营是位于罗马的耶稣会教堂（Il Gesù），其建筑风格很快被圣依纳爵·罗耀拉本笃会教堂（St Ignatius of Loyola）继承了，它同样是对于巴洛克的神圣艺术富有创新性运用的例子。罗马的这些教堂在新世界里起到了模板的作用。

罗马圣萨比娜圣殿
Rome, St Sabina

始建于422年的圣萨比娜圣殿坐落于阿文丁山（Aventine Hill）上，教堂坐拥田园诗般的公园美景，饱览圣彼得大教堂的壮观景色。罗马帝国时期的建筑元素在这座教堂的设计中被再次运用。

第214—215页图：宽阔的中殿；右上图：5世纪的木门。

　　铭文表明，一位叫作彼得的伊利里亚（Illyrian）的彼德神父用他的财产赞助建造了这座三通道的大教堂。得益于精心的后期修复，今天这座早期基督教堂恢复了它的原貌。在教堂的前厅后面是宽敞的没有耳房的大厅。这个空间被二十四根科林斯立柱分隔开，这些柱子原本是古罗马建筑的一部分。大约在432年时，教堂正处于建造中，双翼的大门建造完成，它的木浮雕是基督教主题的古老雕刻。浮雕中刻画了二十八个场景，其中的十八个得已保存下来，用生动的、大众化的图像描绘了《旧约》和《新约》中的情节。

罗马圣母大殿

Rome, S. Maria Maggiore

　　有一个传说和圣母大殿的建造相关：在352年，圣母马利亚出现在教皇利贝里乌斯（Pope Liberius）面前，请他在埃斯奎利诺山（Esquiline Hill）上建一座教堂，在那个地点8月5日会下雪。果然有此事，第二天神父看到一块大教堂形状的雪堆，便在那建立了这座"雪地圣母教堂"（Church of Our Lady of the Snows），它日后被命名为圣母大殿。这座早期的基督教堂被尊奉为罗马最重要的朝拜圣母马利亚的圣殿，既是教皇的宗座圣殿，里面有教皇独自使用的圣坛，同时也是罗马朝圣七大殿之一。它的室内装饰是独一无二的，反映出了它的历史价值：教堂中殿、凯旋门以及后殿的墙壁上都覆盖了讲述救世历史的华丽马赛克装饰画。《旧约》里面的场景可以在中殿上部的墙壁上看到，凯旋门上的条形饰带描绘了耶稣的生平经历。以上两项艺术杰作都在432年到440年之间完成。后殿里面的马赛克装饰描绘的是圣母马利亚的加冕，由雅各布·托里蒂（Jacopo Torriti）在1292到1295年之间完成。

在教皇西克斯图斯三世（Pope Sixtus III）的监督下，这座三通道的大教堂从432年开始修建。凯旋门上宏伟的马赛克装饰也可以追溯到这个时期，讲述基督童年的场景。这里展示的是殿内的艺术创作，以及圣阿弗罗迪修斯（St Aphrodisius）向圣家族（Holy Family）致敬的壁画。

罗马拉特朗圣克莱门特圣殿
Rome, S. Clemente

12世纪的拉特朗圣克莱门特圣殿就建立在早期基督教大教堂的废墟上。圣殿内的地板镶嵌着华丽的大理石，后殿装饰有歌颂基督的镶嵌画。

在4世纪的晚期，教皇西里修（Pope Siricius）在一座罗马建筑和密特拉（Mithras）神庙的基地上建立了一座基督教堂。这座教堂在1084年被诺曼人（Normans）毁坏，但是很快以一种更朴素的形式被重建。在12世纪，这座大教堂装上了宏伟的科斯莫蒂（Cosmati）大理石地板。在凯旋门和后殿的金色室内背景上，有美丽的马赛克装饰画，把耶稣歌颂为世界的统治者，把他画在了福音传道者和圣人中间，后殿的半圆顶上描绘了对于十字架的赞颂。对这一主题象征性的装饰性诠释十分引人注目：十字架悬挂在一个天堂的喷泉之上，喷泉和天堂之树（Tree of Life）以及它的枝干缠绕在一起。就像在拉文纳的早期基督教教堂中一样，刻有小羊的饰带在场景中非常显眼，它代表着上帝的羔羊（Lamb of God）和十二使徒。

罗马圣彼得大教堂

Rome, St Peter's Basilica

圣彼得大教堂直到16世纪初还保持着它早期基督教和中世纪的建筑风格，这一点令教皇尤利乌斯二世非常不满，他想建一栋新建筑作为基督教世界最重要的教堂，并完成一件艺术上具有唯一性和当代性的作品。基于布拉曼特和他的同事朱利亚诺·达·圣加洛的计划，建造工程开始于1506年4月18日。他们在设计中构思出一个向心又纵向规划的建筑物，根据布拉曼特所述，就像君士坦丁大教堂（Constantine's Basilica）顶部加一个万神殿（Pantheon）。尽管这个项目不是用这种形式施工，但是原来的计划构想了一些主要的建造方法。

圣彼得大教堂是世界上最重要的天主教教堂。1506年，它被重建成现在富丽堂皇的样貌，并且于1626年祝圣。

上图：米开朗基罗（Michelangelo）设计的圆顶（于1590年完工）；左下图：介绍旧的圣彼得大教堂的壁画；右下图：贝尔尼尼（Bernini）的圣彼得广场（St Peter's Square）建于1656年；第224页图：教堂背面，卡洛·马代尔纳（Carlo Maderna）1614年设计的立面；第225页图：室内：大教堂的十字拱，华盖高悬在高祭坛和圣彼得的王座（Chair of St Peter）之上，它们由吉安·洛伦佐·贝尔尼尼分别在1624—1633年和1656—1666年间完成。

圣彼得大教堂的建造过程一直受到干扰。布拉曼特去世之后，拉斐尔（Raphael）接过了建造工程的任务，他之后由巴尔达萨雷·佩鲁齐（Baldassare Peruzzi）、小安东尼奥·达·圣加洛（Antonio da Sangallo the Younger）和其他建筑师接管，他们都接二连三对原来的设计方案做出了修改。而当71岁的米开朗基罗在1546年接管这个项目时，这个项目才有了进展。他的主要任务是完成穹顶的建造，这个穹顶以佛罗伦萨大教堂（Florence Cathedral）的穹顶作为模型。然而，米开朗基罗并没有见证这件杰作的完成，当他1564年去世时，工程仍在进行中。

1605年，保罗五世（Pope Paul V）委托卡洛·马代尔纳将由米开朗基罗主导的中央主体建筑向东扩建（圣彼得大教堂面向西方）。这座教堂于1626年终于被祝圣。三年之后，吉安·洛伦佐·贝尔尼尼开始了两侧钟楼的建造工作。然而，当第一座钟楼由于结构上的缺陷有倒塌的危险时，这整个计划被放弃了。

在乌尔班八世（Urban VIII）继任教皇之后，他任命贝尔尼尼完成教堂的内部设计。这位雕塑家和建筑师先建造了圣彼得陵墓上的华盖和教皇祭坛，之后继续立柱的装饰。每一个装饰都体现了神学概念的内涵，比如，教堂的华盖以它巨大的、扭曲的铜柱子呼应了旧的圣彼得教堂和耶路撒冷（Jerusalem）的所罗门神庙（Temple of Solomon）。

罗马耶稣会教堂
Rome, Il Gesù

耶稣会教堂成为全世界其他耶稣会教堂的模板。它的室内由贾科莫·巴罗齐·达维尼奥拉（Giacomo Barozzi da Vignola）设计（建于1568—1584年），而它的外立面由贾科莫·德拉·波尔塔（Giacomo della Porta）完成（建于1575—1576年）。屋顶上赞美耶稣基督的天顶画是巴奇基奥（Baciccia）的作品，于1669—1683年间完成。

    罗马的耶稣会教堂被认作是巴洛克教堂的典型代表。这一方面体现在由贾科莫·德拉·波尔塔设计的壮观的外立面上，另一方面也体现在室内的关键性创新上。贾科莫·巴罗齐·达维尼奥拉成功地使这座教堂完美地符合反改革运动的需要，为大众和僧侣创造一个独立的空间，在那里所有的信徒都能看见祭坛，还安装了无数的小教堂以供信徒忏悔、纪念死者、贡献祭品。室内设计在巨大天顶上达到顶峰，这个天顶由巴奇基奥在17世纪的下半叶设计，它刻有耶稣基督的希腊名称的字母组合。灰泥装饰的天使和壁画里的人物在宏伟场景中交融到了一起。

罗马奎琳岗圣安德鲁教堂
Rome, St Andrew at the Quirinal

大约在1660年左右，贝尔尼尼负责建造了三座教堂，奎琳岗圣安德鲁教堂是其中最重要的一座。它底层平面的形状是一个横向的椭圆，然而最引人注目的是短轴末端美丽的圣坛。圣坛的外框是一座小神殿，教堂的圣人似乎要通过它破损的山墙升入天堂。雕塑呼应了祭坛上方的殉道者形象和光芒万丈的天顶。教堂的正面同样宏伟：由两根爱奥尼（Ionic）立柱支撑的华盖从正立面向前突出，两侧内凹的墙使其更为突出。

这座建于1658年的小教堂，是吉安·洛伦佐·贝尔尼尼的重要作品之一。

下图：正立面；第229页图：根据剧场设计的圣坛。

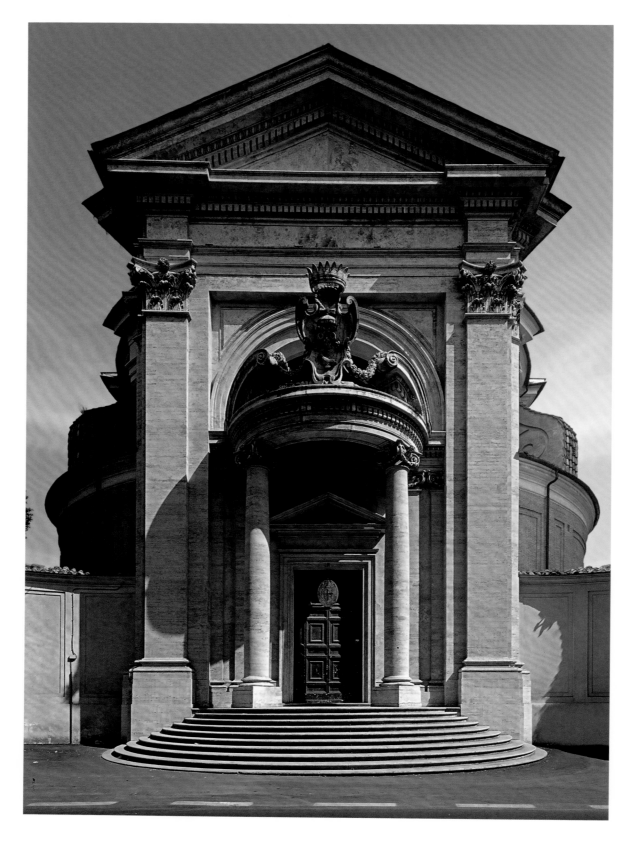

罗马圣依纳爵堂
Rome, St Ignatius

仅仅在圣依纳爵·罗耀拉被封为圣徒的几年之后，耶稣会第二教堂于1626年在罗马奠基。奥拉齐奥·格拉西（Orazio Grassi）负责建筑和工程。天顶上生动的壁画由安德烈亚·波佐（Andrea Pozzo）于1691年到1694年之间设计。

格拉西作为数学家和耶稣会信徒，负责唱诗班席和中殿的建设。十字穹顶并没有真正建成，而是被艺术大师设计的具有透视感视错觉的圆顶取代。这些宏伟的壁画是安德烈亚·波佐的作品，他同样是耶稣会信徒。他试图用独特的艺术创造阐述复杂的神学内容。在无数的色调迷人的人物形象中，殿庭的壁画描绘了《圣依纳爵升天》（*Apotheosis of St Ignatius*）和耶稣会传教的主题。这些精湛的错视感与人物形象一样令人叹为观止，令观者以为中殿有非常高的穹顶。

罗马四泉圣卡洛教堂

Rome, St Charles at the Four Fountains

罗马四泉圣卡洛教堂是弗朗切斯科·博罗米尼在罗马的设计建造第一座教堂，为巴洛克建筑指明了新的道路。穹顶内部的建造工程开始于1638年，然而有节奏地起伏的立面于1665至1667年间完成。

优雅的四泉圣卡洛教堂是弗朗切斯科·博罗米尼的第一个杰作。教堂的空间巧妙而复杂，凹凸起伏的立面真正地改变了建筑的面貌。这栋被归类为"中等规模"的建筑物，只能被建造在一个很窄的基地上，这是一个独特的挑战，但是艺术家用大胆的创造力完美解决了问题：底层平面是椭圆形的，但是垂直的剖面由很多复杂的几何图形构成。在这座教堂里，虚拟的或者想象的特征开始超越真实的、可见的元素。教堂的外立面是巴洛克建筑的又一创举。

罗马圣伊夫教堂
Rome, St Yves at the Sapienza

这座弗朗切斯科·博罗米尼设计的满是雕塑装饰的大学教堂始建于1643年，是前罗马大学庭院中最引人注目的元素。这栋建筑和由六部分组成的帆穹顶的建造都需要高超的技艺和专业知识。

　　圣伊夫教堂，即罗马大学的教堂，是另一个由弗朗切斯科·博罗米尼设计的具有开创性的建筑项目。这座教堂的立面镶嵌在贾科莫·德拉波尔塔的狭窄的庭院里，外立面形成了一个凹陷的半圆形。穹顶在这个立面背后升起，圆弧顶向上凸出，顶上有一个螺旋的灯饰。拱顶、壁龛和阳台将室内的中心空间向外延展，只有少部分的墙体表面是完整的。建筑的轮廓线似乎在呼吸、伸展、收缩。只有那些透彻掌握建筑知识的人才能充分理解和欣赏其中复杂的几何系统。

罗马拉特兰圣约翰大教堂
Rome, St John Lateran

和圣彼得大教堂一样，建于313年的拉特兰圣约翰大教堂是罗马最受崇敬的地方。它的室内于1646年至1649年被弗朗切斯科·博罗米尼改造成巴洛克风格，同时它宏伟的立面于1733至1736年被亚历山德罗·加利莱伊（Alessandro Galilei）建造。

　　拉特兰圣约翰大教堂是罗马最古老的教堂，这里有罗马大主教的宝座。尽管它很重要，但到17世纪它已年久失修，于是教皇英诺森十世（Pope Innocent X）决定将它彻底地翻新。博罗米尼被委托保留早期的基督教中殿，同时还要依照巴洛克时代的风格加以改造。他将中庭拱廊的数量从十五个减少到五个，并且取代以戏剧性连接的墙体。凯旋门样式的主立面由亚历山德罗·加利莱伊设计，在它背后耸立的是圆拱形的门廊，五扇华丽的门通向教堂内部。

奥尔维耶托主教座堂
Orvieto, Cathedral

奥尔维耶托主教座堂晚期哥特式风格的立面在其辉煌的装饰、鲜艳的色彩和丰富的雕塑方面是无与伦比的。这座教堂由洛伦佐·马伊塔尼（Lorenzo Maitani）设计，它就像一座纪念碑似的圣祠，开建于1300年，由安德烈亚·皮萨诺（Andrea Pisano）和安德烈亚·奥尔卡尼亚（Andrea Orcagna）在接近14世纪中叶才完成。在正立面入口之间的浮雕别具一格，用美丽的构图和丰富的人物场景描绘了《旧约》《新约》和《最后的审判》的故事。浮雕所描绘的面对地狱恐怖的"被诅咒者游行队伍"（Procession of the Damned）尤其令人震撼。黑色玄武岩和浅色的凝灰石相间的装饰条带与宽敞的室内空间形成了有趣的对比。

奥尔维耶托主教座堂凭借着它华丽的外观在中世纪的意大利教堂中占据了独特的地位。教皇尼古拉四世（Pope Nicholas IV）于1290年为其奠基。

左下图：正立面；第241页上图：描绘最后的审判的柱子的雕塑细节（早于1350年）；第240—241页图：教堂内部。

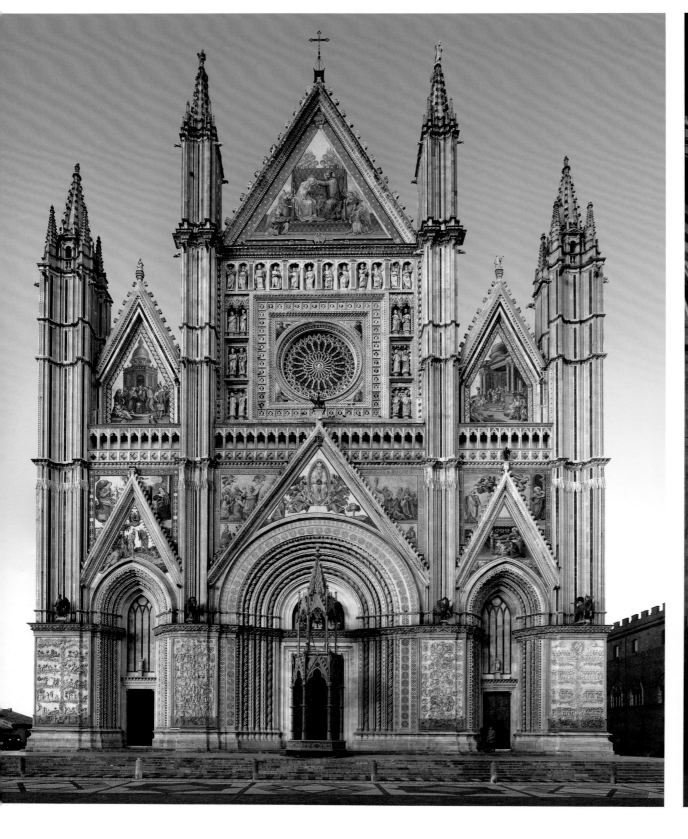

托迪圣母神慰堂

Todi, S. Maria della Consolazione

治疗眼疾的神迹传说促成了这座美丽的朝圣教堂的建造，并且为市政府带来了可观的财政收入。

下图：教堂外观，始建于1508年；第243页图：教堂内部。

文艺复兴时期的教堂是为了表达纯粹的完美而建。在建筑师和艺术理论家莱昂·巴蒂斯塔·阿尔贝蒂和他同时代的艺术家的眼里，这意味着放弃传统的拉丁十字和长方形基督教堂的平面规划，取而代之的方案是以圆形、正方形、正六边形和正八边形的集中式设计。建于1508年的托迪圣母神慰堂是这一类建筑里独具美感、施工最严格的例子。它的底层平面有一个十字核心，四边上有四个半圆形殿。这个教堂的比例如此和谐而均衡，以至于有人猜测这座教堂是布拉曼特自己设计的。

斯波莱托主教座堂
Spoleto, Cathedral

　　之前的斯波莱托圣母升天罗马式教堂唯一遗留下来的建筑遗迹就是外立面和钟楼，其中钟楼用许多古建筑的废弃材料而建。在17世纪，主教座堂的内部被彻底改造成巴洛克风格。然而，它的正立面被加建了一排文艺复兴风格的柱廊，以至于仅仅上层那排建筑结构保留了教堂在1200年左右的外观。西立面装饰有十二个精雕细琢的玫瑰花窗，中间最大的窗户的边框装饰着福音传道者的标志，下方是由男像柱支撑的盲廊。正立面上有一幅马赛克的装饰画表现的是《基督赐福》（Christ Blessing），在他两边的是圣母马利亚和圣约翰。

　　在中世纪，斯波莱托处于主教和神圣罗马皇帝纷争的中心。这座城市对教皇极为忠诚，于1155年被腓特烈一世（Frederick Barbarossa）摧毁。不久后，新的罗马式主教座堂的建设工作就开始了。

第244页图：教堂正立面；下图：建造于1200年的中间的玫瑰花窗。

阿西西大教堂
Assisi, Cathedral

据铭文记载，乔瓦尼·达·古比奥（Giovanni da Gubbio）建造了阿西西的罗马风格的主教座堂，现在立在这里的建筑群取代了之前的两座建筑，它们同样用于纪念阿西西的圣鲁菲努斯（St Rufinus）、主教、殉道者和城镇的赞助人。在大教堂里面，仅仅有一些12世纪和13世纪的建筑遗迹还保留着，这使教堂精雕细琢的巨大立面更引人注目。在入口拱形顶饰中的基督雕像旁是一排缤纷多彩的人物头像、动物、神话生物，它们的含义尚不能被完全解读。三个华丽的玫瑰花窗装饰了上层的建筑立面。巨大鼓楼的建造时间可以追溯到11世纪。

这座献给圣鲁菲努斯的大教堂建造于1140年，是翁布里亚（Umbrian）罗马式建筑的代表作，它的立面装饰以富有想象力的雕塑。

下图：正立面；右图：门框的细部；第247页上图：枕梁；第247页下图：有男像柱支撑的玫瑰花窗。

阿西西大教堂
Assisi, Cathedral

阿西西圣方济各大教堂
Assisi, St Francis

圣方济各是忏悔传教士和方济会的创建人，他的家乡建造了一座有纪念意义的教堂。这座哥特式建筑在1253年被正式祝圣。描绘圣方济各生平的系列壁画（1296—1304年）被认为是乔托（Giotto）的作品，第250、251页呈现的壁画是《圣方济各出家》和《教皇英诺森三世的梦》。

1228年，仅仅在圣方济各去世两年以后，教皇格列高利九世（Pope Gregory IX）为了纪念这位圣人，由他自己奠基修建了一座双教堂。两年后，载有这位魅力超凡的传教士遗体的石棺被安放在下层教堂。在13世纪晚期和14世纪早期，上层和下层教堂都被装饰以独特的壁画，这使意大利绘画闻名遐迩。契马布埃（Cimabue）、乔托、西莫内·马

丁尼（Simone Martini）和彼得罗·洛伦泽蒂（Pietro Lorenzetti）在他们助手的帮助之下，将墙和天顶覆盖以充满了人物和叙事的壁画。这些画家用新颖且更加自然的视觉语言编织出丰富的场景，叙述了圣方济各的救赎以及生平故事。尽管这些壁画在1997年的一场地震中被损坏，但它们仍是艺术史中备受尊崇的作品。

佩鲁贾圣贝尔纳迪诺教堂
Perugia, St Bernardino

这座小礼拜堂是早期文艺复兴的瑰宝。它复古的立面由阿戈斯蒂诺·迪·杜乔在1457—1461年间设计。

第252页图：外观；上图：描绘圣贝尔纳迪诺升天的拱形顶饰；右下图：在左上方壁龛里的天使报喜的雕像。

锡耶纳的圣贝尔纳迪诺经常待在佩鲁贾，在那里受到热切的崇敬。在他1450年封圣后不久，一座纪念他的小教堂在城市的西边建造了起来。教堂内部有三个宏伟的、十字肋穹顶，看起来像中世纪晚期的建筑风格，而正立面看起来像文艺复兴初期的建筑风格。正立面的结构仿照古罗马的凯旋门设计，但是装饰以基督教的浮雕和雕塑。阿戈斯蒂诺·迪·杜乔设计了这个比例和谐的立面，他之前和莱昂·巴蒂斯塔·阿尔贝蒂一起参与了里米尼的马拉泰斯教堂的设计。奏乐的天使雕像的形象明显是受马拉泰斯教堂的启发。浮雕由多彩的赤陶和大理石镶嵌而成，它缤纷的色彩非常夺目。

从韦兹莱到普瓦捷

勃艮第、奥弗涅和法国的南部以及西部的罗马式建筑

罗马式建筑的发展和神圣罗马帝国密切相关，因为皇帝总是把他自己视作世俗和精神力量的象征。后来，教会和世俗权力之间的紧密联系对世俗建筑和宗教建筑都带来越来越明显的益处。然而，它也遇到了反对者：勃艮第（Burgundy）的克吕尼修道院（Cluny Abbey）正是这场运动的中心，这场运动仅仅将教皇看作是精神领域的权威。克吕尼修会[1]（Cluniac Order）的僧侣们在短时间内相继建立了三座修道院，它们成了法国神圣建筑的重要灵感来源，尤其是它们的筒形拱顶和立面的改造。

雕塑在建筑中起初只起装饰作用，后来地位愈发独立。最早的辟邪柱头出现在大约公元1000年左右；在第三座克吕尼的教堂里，复杂的雕塑形象被发展出来，它们覆盖了大门，柱头以及室内外的梁托。这种由简入繁的发展过程在韦兹莱修道院（Vézelay Abbey）和勃艮第的一些建筑中达到了顶峰。建筑和雕塑装饰之间的区别随着手工技术和石匠技术的发展而愈发明显。卓越的建筑师和雕塑家有时候会奔波于欧洲各地参加重要的建筑项目。

勃艮第地区的宗教建筑主要受到了诺曼底地区（Normandy）的皇家大教堂和克吕尼修道院的影响，而法国西部的教堂采取了和勃艮第地区教堂不一样的设计风格。在阿基坦（Aquitaine）和普瓦图（Poitou），有筒形拱顶或带肋拱的大厅教堂十分盛行，

圆顶教堂也很流行，这种教堂的大厅分成了不同的区域，每个空间上方都覆盖着一系列使用穹隅的圆顶。昂古莱姆（Angoulême）大教堂和佩里格（Périgueux）大教堂就属于圆顶教堂，前者的平面采用拉丁十字式，后者的平面是希腊十字式，安放于穹隅上覆盖以四到五个穹顶。这种形式的拱顶可能受到了早期基督教或者拜占庭建筑模式的影响。

位于奥弗涅（Auvergne）的上圣内泰尔（St-Nectaire-le-Haut）有一座朝圣教堂，它分体块的外观同样有其他的灵感来源。为了建造筒形拱顶，建筑师没有设计上层阁楼。从低矮的礼拜堂，到唱诗班席、中殿、侧廊、单坡屋顶、立面两侧的塔楼，再到高耸的、位于平面十字中央的塔楼，建筑的不同结构逐渐被搭建起来。

毋庸置疑，在横穿法国西南部的旅途中，不得不提到晚期哥特式建筑的两个亮点：阿尔比主教座堂（Albi Cathedral）和图卢兹（Toulouse）的雅各宾派教堂（Church of the Jacobins），都是中世纪建筑中采用独立的设计方法并令人印象深刻的例子。

---

1 译者注：克吕尼修会是天主教隐修会之一，也是本笃会的分支。该修会即910—919年间由伯尔诺创于法国勃艮第省的克吕尼修院。

韦兹莱大教堂
Vézelay, St Mary Magdalene

韦兹莱大教堂是第二次十字军东征（Second Crusade）的起点：1146年，法国国王路易七世（Louis VII）在这里立下誓言，一定要夺回圣地。现在的教堂中殿是1140年完成的。

上图：正门描绘五旬节的拱形顶饰（建于1125—1130年）；下图：教堂外观；第257页图：中殿。

耶稣的女门徒——抹大拉的圣马利亚的遗体就被安置在这座教堂里。因此，韦兹莱成为欧洲西部尤为重要的朝圣地之一。1120年，一场大火毁掉了加洛林风格的中殿。当中殿被重建的时候，交叉拱和横向拱的颜色截然不同，反映出了教堂宏大的体量。今天，这座教堂依然耸立。罗马式雕塑的亮点包括大门上的拱形顶饰。五旬节的浮雕场景描绘了使徒们接受他们的使命，可能暗示了接下来发生的十字军东征。

欧坦圣拉撒路大教堂
Autun, St Lazarus

欧坦是大量珍贵遗址的所在地，它保留了圣拉撒路的遗物和遗体。在中世纪，圣拉撒路被认为是抹大拉的圣马利亚的弟弟。这座三通道的教堂建于1120年至1146年，屹立至今。

下图：教堂主入口；第259页图：中殿。

主教艾蒂安·巴热（Étienne Bâgé）是圣拉撒路教堂工程的委托方，他非常支持克吕尼修道院所发起的教堂改革运动。第三座克吕尼教堂的建造同样是为了祭奠圣拉撒路，它在装饰元素的协调和层次结构的布置方面为这一座教堂提供了范例。古代的装饰元素被糅合到罗马式建筑风格里：带凹槽的壁柱给墙壁带来了韵律美，同时卷纹图案和圆花饰带装饰着檐口。三拱式拱廊的假拱是仿照古代的城门建造的，至今仍然可以被观赏到。圣拉撒路大教堂的建筑非常美观，它的雕塑艺术同样精彩。大门在1130年左右由雕塑大师吉斯勒贝尔（Gislebertus）设计并建造，有一个浮雕场景描绘了最后的审判，画面中布满了精彩的人物形象。

图尔尼圣菲利贝尔教堂
Tournus, St Philibert

图尔尼的本笃会修道院（The Benedictine abbey church）在公元1000年之后修建。它的双塔立面十分壮观，其中北边的塔楼于1150年建成。

左下图：西塔；右下图：拱顶；第261页图：室内。

像很多其他的中世纪教堂一样，很难发现圣菲利贝尔教堂建造过程的历史细节。教堂前厅体量宏大，有三条廊道，被认为建造于10世纪，但是上层的圣米迦勒教堂建于11世纪。教堂的中殿似乎是在同一时期建造的。教堂的高度和大厅的宽度都很令人瞩目，坚固的圆柱形砖石立柱支撑着横跨大厅的筒形拱顶，屋顶之下有横隔拱。拱顶是在后期修建的，其目的是创造一个更加开阔的空间。然而，这座教堂并没有被其他的教堂效仿。

克吕尼修道院
Cluny, Abbey

克吕尼修道院建于910年，并经过了几次大规模的扩建，它为中世纪的宗教建筑建立了新的标准。第三修道院南边的耳堂体现了教堂整体宏大的规模。

右上图：重建于1088年的第三修道院；下图：教堂和其他修道院建筑的模型。

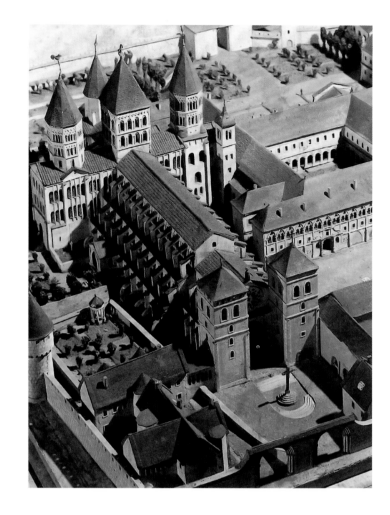

　　本笃会的改革开始于勃艮第的克吕尼修道院。自10世纪早期建立以来，修道院很快实现了地位的上升和财富的积累，并成为基督教世界继罗马之后的第二个最重要的权力中心。第三修道院建于1088年到1115年，它是同时代最大的修道院建筑群。有五通道的教堂规模宏大，30米高的中殿上覆盖着带尖顶的筒形拱。不幸的是，这个建筑群在法国大革命之后被摧毁了，只有修道院教堂南部的耳堂幸存了下来。

帕赖勒莫尼亚勒圣心大教堂
Paray-le-Monial, Sacré-Coeur

圣心大教堂建于11世纪晚期至12世纪早期，曾经附属于小修道院。它坐落在布班斯河（River Bourbince）旁边，风景优美。作为一个教区教堂，圣心大教堂是很多信徒朝圣之旅的终点。

第264页图：外观；上图：半圆形后殿的壁画描绘了最后的审判和福音传道者的标志；左下图：室内。

　　帕赖勒莫尼亚圣心大教堂曾经是一个繁荣的本笃会修道院的一部分，这个修道院自从999年就一直受到克吕尼修道院的管辖。因此，两个建筑群的建筑历史表现出紧密的相似性：以克吕尼第三修道院为灵感来源，在12世纪初帕赖勒莫尼亚勒修建了一座壮丽的新教堂。因此，圣心大教堂常常被称为克吕尼教堂的小妹妹。教堂的西部更古老，与新建的建筑不处于一条轴线上。可能是因为资金不足，圣心大教堂的中殿只有三间隔间，并且与教堂的西部联系在一起。

克莱蒙-费朗港口圣母教堂
Clermont-Ferrand, Notre-Dame-du-Port

港口圣母教堂坐落于老城克莱蒙-费朗的中心地段。这座教堂建造于12世纪下半叶，拥有一个壮观的圣坛。

下图：唱诗班小教堂的外观；第267页图：教堂内部，朝东边看。

这座教堂在奥弗涅的罗马式建筑中有特殊的地位。当其他教堂渐渐同质化的时候，这座教堂因为其不同装饰元素之间的协调和统一而与众不同。三通道的教堂中殿与一个宽阔的耳堂相连，终端是唱诗班的回廊。这个步行廊道连接着小教堂，明显是整座教堂的画龙点睛之作。圣坛装饰有色彩艳丽的石头。这座教堂现在的整体面貌源于后来的修建工程：在15世纪因地震遭到破坏之后，19世纪进行了修复，在这次修复中，与整体建筑风格不匹配的装饰元素被去除了。

上圣内克泰尔教堂

St-Nectaire-le-Haut, St-Nectaire

奥弗涅的罗马式教堂的以其简约的外形和坚固的设计闻名，光和影塑造了它们的块状立体结构。由圆柱分隔的室内空间恢宏大气而简约得体，两侧的过道之上建有廊道。还有一些风格内敛的装饰元素：圣坛的墙壁上有雕带装饰，唱诗班席一百零三根立柱的柱头上雕刻了圣人一生的经历。

这座教堂曾经是修道院教堂，它是奥弗涅的上圣内克泰尔的地标式建筑，建于12世纪中叶。

下图：背靠蒙多尔山（Mont Dore）的教堂；第269页图：覆盖着筒形拱顶的教堂内部。

孔克圣富瓦修道院教堂

Conques, Ste-Foy

孔克的圣富瓦修道院教堂坐落于通往圣地亚哥-
德孔波斯特拉（Santiago de Compostela）的
其中一条主要的朝圣的路线上。这个罗马式建
筑群建于11世纪下半叶。西门的拱形顶饰装饰
着主题为最后的审判的浮雕（制成于1120年至
1130年），以其巨幅的尺寸闻名于世。

孔克圣富瓦修道院教堂
Conques, Ste-Foy

修士们将圣富瓦的遗体从阿让（Agen）偷了出来，并且运送到孔克。从那时起，圣富瓦修道院教堂的声望上升了很多，并且教堂成为活跃且盈利的朝圣之旅的目的地。镀金的圣像令朝圣者们惊叹不已，西门拱形顶饰上最后的审判的浮雕人物形象众多，令朝圣者们赞不绝口。浮雕可以分为三部分，位于中间的是光环中的基督。右下方对于地狱的描绘给人以震慑的恐惧感。令人惊讶的是，这些雕塑保留了它们原来的上色的痕迹。

阿尔比大教堂为纪念圣塞西尔（St Cecilia）而建造，经历了200余年才建造完成。这座有晚期哥特式装饰的砖石建筑形似堡垒，直到1480年才被祝圣。

左图：正门；第274—275页图：16世纪早期的入口拱门上方装饰雕塑的细节；第275页上图：15世纪晚期的圣坛屏。

阿尔比圣塞西尔大教堂
Albi, St Cecilia

阿尔比的圣塞西尔大教堂是中世纪晚期建造的规模庞大教堂之一。阿尔比教派的十字军（Albigensian Crusade）征战的余波以及对法国西南部战火重燃的恐惧赋予了它独特的建筑风格。相比起教堂，它更像一座城堡，简约的砖墙上只有条状的窗户，内部是宏伟的大厅，昏暗而肃穆。只有这些在立面上顺次排列的扶壁柱给整体结构以有节奏的隔断。然而，这种庄严而沉重的氛围被南面大门上优雅的晚期哥特式装饰以及教堂内的圣坛屏调和了。

图卢兹圣塞尔南大教堂
Toulouse, St-Sernin

像孔克的圣富瓦修道院教堂一样，图卢兹的圣塞尔南大教堂（圣萨蒂南教堂）是通向圣地亚哥-德孔波斯特拉路途上几座主要的朝圣教堂之一。它始建于1080年，约在12世纪中叶完工。

下图：从东面看的教堂外观；第277页上图和左下图：米格维尔之门（the Porte de Miègeville）的拱形顶饰及外观；第277页右下图：教堂内部。

在朝圣之旅路途上的教堂为大量的朝圣者提供了停留的空间，因此在建筑上呈现出一种特殊的风格：半圆形的后殿位于耳室的末端，在唱诗班回廊的两侧有向外辐射的小礼拜堂。圣塞尔南大教堂的中殿有五条廊道和十一个隔间，宏伟壮观。米格维尔之门是教堂南面的入口，它的顶饰上有基督升天主题的浮雕，画面中基督被围绕他的天使托着上升。十二位门徒在一旁惊讶地观看着。

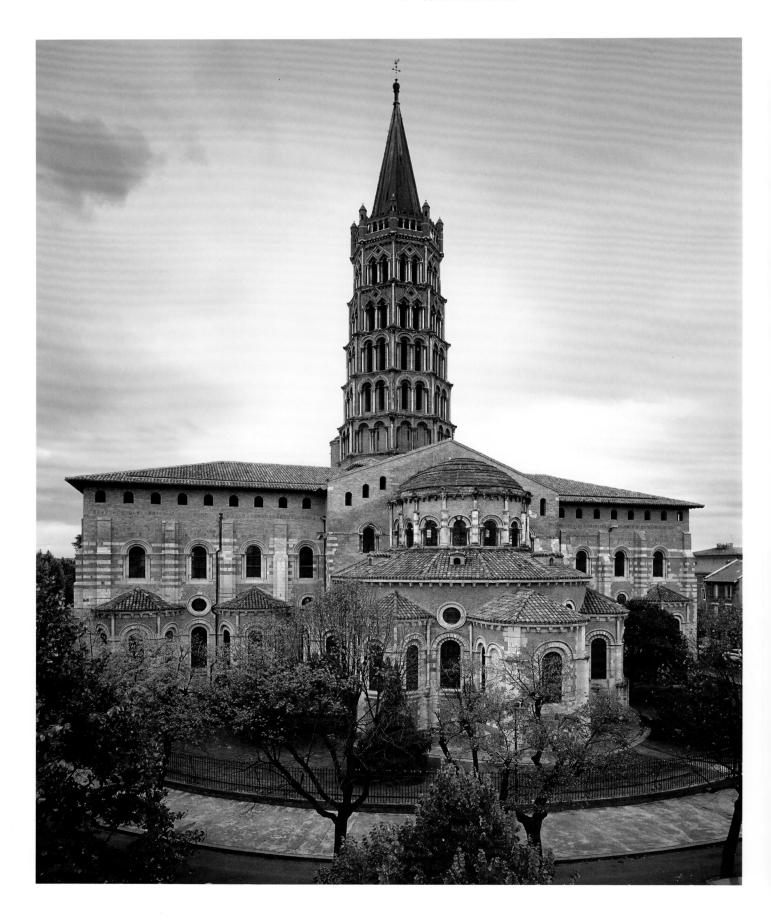

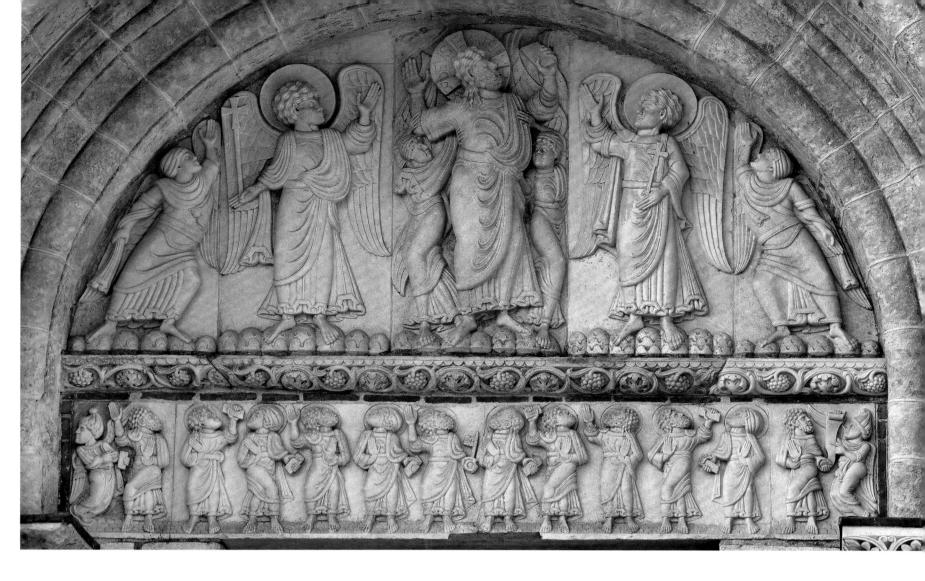

图卢兹雅各宾派教堂
Toulouse, Church of the Jacobins

　　在欧洲逐渐进入近代之际，活跃的建筑师们表现出了惊人的创造力。在对于熟悉的主题富有想象力的改造和运用中，他们展现出了高超的技术；同时，他们的建筑经受住了结构承载能力极限的考验。雅各宾派教堂是其中尤其值得称道的代表。晚期哥特式的大厅有两个中殿，一个是提供给天主教会修士的，另一个是提供给普通信众的。这两个中殿被一排精致的圆柱分开，华丽的拱顶高悬于大厅之上。这座别出心裁的建筑的亮点是最东边的像棕榈树一样的柱子，它支撑着教堂半圆形的后殿星形的屋顶。

多明我会着重于排斥异端，图卢兹的雅各宾派教堂是多明我会的母堂和总部。

第278页图：建于1285年到1385年的教堂内部；上图：位于多边形圣坛拱顶中央的"棕榈树"。

穆瓦萨克圣彼得大教堂
Moissac, St Peter

塔恩－加龙省（Tarn-et-Garonne département）的圣彼得大教堂之前是本笃会的修道院，保存了诸多罗马式雕塑精品，包括南边大门的间柱上先知耶利米（Jeremiah）生动的人物形象。

第280页图和左图：南门及间柱雕塑细节；第282—283页图：修道院回廊的景观，第283页右上、右下图：位于角落的柱子上的使徒浮雕。

　　圣彼得大教堂隶属于克吕尼修道院，所以它们非常相似，但是克吕尼修道院大部分的雕塑被毁坏了。南门是普通信徒的入口，它用基督再临和最后的审判的场景迎接信徒。在顶饰浮雕的中央，统管世界的主登基了，他的背后有一圈光环，福音传道者的标志围绕在他周围，他的手里握着有七印的书。《启示录》的二十四位长老围坐在上帝周围。与顶饰浮雕形象一样令人印象深刻的是大门中间的石柱。大门的东边的浮雕描绘的是手握书卷的先知耶利米。围绕庭院的回廊建于大约1100年。回廊的八十八个柱头上有人物装饰浮雕，角落的柱子上有人物形象的大理石浮雕，它们是法国罗马式艺术重要的范例。

佩里格圣弗龙大教堂
Périgueux, St Front

中世纪，一种独特的圆顶教堂在法国的西部发展起来。在1120年
之后重建的佩里格大教堂是这一类教堂的优秀代表。

第284—285页图：教堂外观；下图：内景（朝东边看）。

　　在一场火灾之后，圣弗龙大教堂重建了，平面是希腊十
字式，顶部覆盖了五个巨大的圆顶。这种圆顶的灵感来源并
不是基督教或者拜占庭的建筑，而很可能是威尼斯的圣马可大
教堂。西边的圆顶高悬在圣人的陵墓之上，据说这位圣人担
任圣弗龙大教堂主教的时候，有很多奇迹发生。这座教堂在
19世纪被全面地修复，置身于教堂内可以感受到一种非常静
谧的氛围。

昂古莱姆圣彼得大教堂
Angoulême, St Peter

　　圣彼得大教堂耗时21年建成，平面是拉丁十字式。不同寻常的是，圣彼得大教堂的建造开始于西立面和第一个有圆顶隔间，后来又建了另外两个隔间和位于十字交叉位置的圆顶。教堂的外立面属于罗马式艺术的经典的作品：它运用了超过七十个人物雕像来描绘救世的过程。圆雕和浮雕排列在立面的墙壁上，装饰细节丰富而华丽。立面上的人物形象以基督圣像为艺术表达的顶峰，浮雕中的耶稣基督坐在宝座上，背后围绕着光环，两边有福音传教士的标志。

圣彼得大教堂是法国西部风格宗教建筑中另一座圆顶教堂。它在主教吉拉尔二世（Bishop Girard II）的命令下修建，建于1115年到1136年。

下图：教堂中殿；第287页图：富丽堂皇的西立面。

塔尔蒙圣拉黛贡德大教堂
Talmont, St Radegund

在吉伦特河（Gironde）河口的岩石峭壁间耸立着圣拉黛贡德教区教堂，这座教堂为了法兰克王国的皇后而建。在11、12世纪之交，在一座旧的教堂遗址上，分两个阶段建了这座罗马式建筑。

第288—289页图：圣坛与耳堂的外观；下图：建筑雕塑的细部。

    圣拉黛贡德大教堂在被称为"法国之路"（French Way）朝圣路线上起到了补给站的作用。当朝圣者从圣让-当热利（St-Jean-d'Angély）或者桑特（Saintes）途经此地时，他们需要决定是乘船从这里出发渡过吉伦特河，还是继续南行抵达波尔多（Bordeaux）。塔尔蒙与圣让-当热利以及桑特的距离很近，圣拉黛贡德大教堂表现出卓尔不凡的建筑和雕塑艺术水平，因此这座教堂被认为是圣通日（Saintonge）（之前的省）罗马式艺术中尤为重要的建筑作品。这座建筑与它始建时的样子相去甚远，因为在建成后的几个世纪里，西部的隔间和立面被破坏并彻底地改建过。

桑特圣马利亚修道院
Saintes, Ste-Marie-des-Dames

　　桑特的圣马利亚修道院代表了一种在法国西部普遍可见的建筑结构类型，尤其是在圣通日：这座分体块的建筑的立面十分坚实，装饰主要集中在大门的框架上。就像是在欧奈（Aulnay）一样，大门的上方被装饰以繁复的人物形象、植物卷纹和装饰性的雕带，它们表现的是《启示录》和《新约》中的场景。平面布局的十字交叉处上有一座壮观的钟塔，塔楼的正方形的基座支撑着向上逐渐收缩的塔顶。

这座本笃会的修道院是第一座在圣通日为女性修建的修道院。在几个世纪的时间里，出身贵族的女孩们都在这里接受教育。这座始建于11世纪中叶的教堂在接下来150年的修建中渐渐成为现在的样子。

第290页左上图：钟楼；第290页左下图：主要立面；第290—291图：大门的拱门饰。

欧奈圣彼得教堂

Aulnay, St Peter

圣彼得朝圣教堂位于普瓦图和圣通日的交界地区。这座教堂是法国西部其他教堂的范例，尤其以它的雕塑艺术最值得称道。

第292—293页图：南边耳堂大门上的拱门饰（左下图为大门上方的细节）；第292页下图：东南面的教堂外观；右上图：教堂中央的中殿；左下图：浮雕细节；右下图：中殿中柱头上装饰有大象的浮雕，作品创作于1130年到1170年之间。

尽管这种新型的大门设计并不是这座教堂首创的，但是欧奈的圣彼得教堂证实了这种大门的适用和美观。雕塑家们放弃了拱形顶饰，他们在多层的拱门饰上布置了许多精雕细琢的浮雕人物，围绕着拱门中心呈放射状排列。相比起单一地在门的外围布置装饰，雕塑家们可以用这种拱门来呈现更多的装饰元素。另外，大门的拱结构可以明显地起到支撑的作用。从文化内涵的角度来看，大门上的浮雕蕴含着丰富而深刻的主题，这些题材来自《启示录》《旧约》《新约》以及神话故事。

普瓦捷圣母大教堂
Poitiers, Notre-Dame-la-Grande

圣母大教堂的立面被认作是非常有纪念意义的艺术作品。它的外立面教堂要宽很多，两侧有精致的塔楼，独具匠心地装饰以丰富的人物雕塑。大门入口和两侧的装饰门的上方有一层雕带，描绘着《旧约》和《新约》的故事。在立面的上半部分，门徒和圣人的雕像分两层排列，以丰富的植物和动物形象为点缀。基督的雕像位于立面的最上方，他周围有一圈光环，周围是福音传道者的标志。

普瓦捷的教堂典型的立面装饰在圣母大教堂中的应用达到了一个新高度。

下图：建于12世纪中叶的教堂西立面；第294—295页上图：雕带上的细节描绘了圣母往见的故事；第294—295页下图：大门部分。

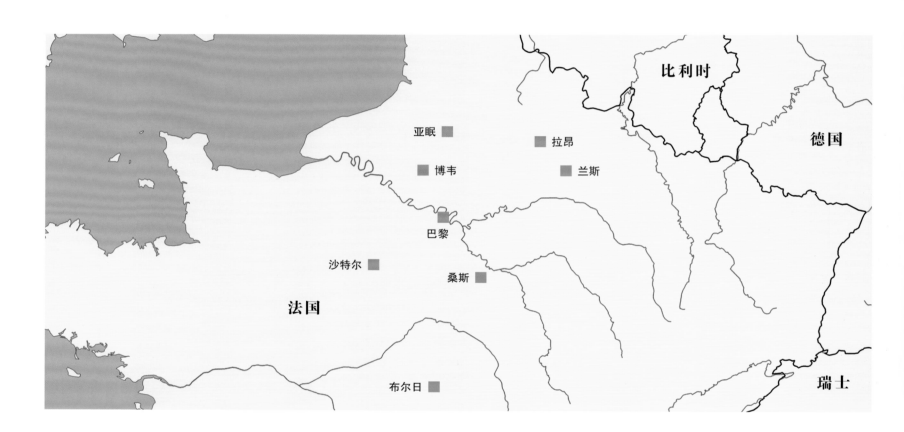

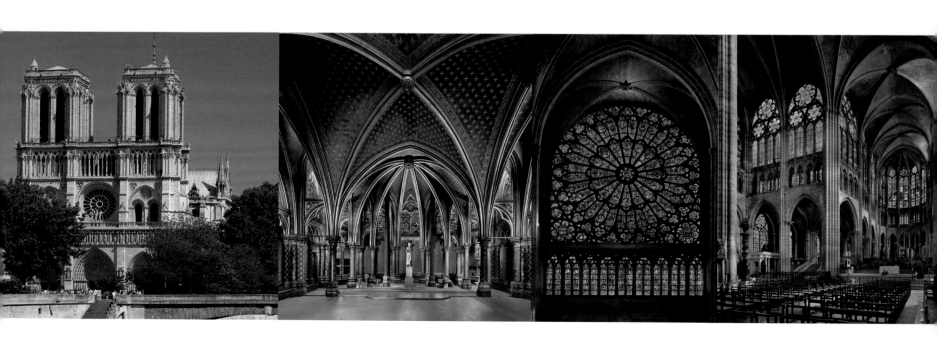

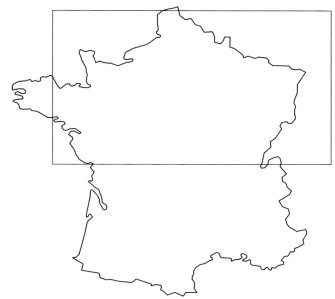

在巴黎的市内和周边

位于法国中心的哥特式教堂

　　法国巴黎的圣德尼修道院教堂（Abbey Church of St Denis）被公认为是哥特式建筑的开创之作，标志着哥特式建筑的诞生，在1140年左右得以建成。这座教堂奉献给法国的保护圣徒圣德尼，许多法国国王被葬入这座皇家教堂。这座教堂的主要特点之一是它对骨架券的使用，骨架券可以使拱顶覆盖更宽、更高的室内空间，基础部位的墙体结构进一步减轻，材料进一步节省。拱顶支撑在肋梁之上，墙壁上排列着很高的侧窗，来自拱顶的推力和墙壁的荷载通过扶壁和飞扶壁转移到地面。室内空间变成了彩色玻璃窗装饰的圣地，除了窗户之外，就是一些精致的建筑结构构件。花饰窗格形状来源于基本几何元素，被用来固定玻璃和装饰墙面。巴黎圣母院始建于1150年，是第一座哥特式风格的纪念性建筑，然而在几十年之内，哥特式建筑就遍布法国各地。举几个重要的例子来说，桑斯（Sens）、努瓦永（Noyon）、拉昂（Laon）和苏瓦松（Soissons）的教堂在柱子的排列以及唱诗班席和唱诗班的回廊设计上做出了尝试，采用了四或六个部分的拱顶以及三或四层的立面。拉昂大教堂的立面上装饰有引人注目的雕塑，彰显了早期哥特式风格的创造力。

　　13世纪，在纷繁的建筑外形和结构当中，一种新的艺术风格——盛期哥特式建筑风格出现了，这种风格重视结构的简约和体量的宏大，将不同的建筑装饰协调了起来。这种盛期哥特式风格在法国一直持续到14世纪早期，主要的建筑遗产有沙特尔（Chartres）和兰斯的大教堂。

　　之后不久，建造技术有了快速的发展，匠人们得以更快捷、经济地施工，也能够创造出更加优雅的艺术造型，因此，他们节省了很多的劳动力。教堂的室内空间愈益高大、开阔，墙壁和拱顶的设计也愈益创新。凭借着这些空间上的革新，亚眠大教堂在体量和华丽程度方面都超过了沙特尔和兰斯的大教堂，标志着辐射式的晚期哥特式建筑风格的出现。在这种风格的建筑里，教堂中殿的高拱廊占据了三分式立面的高度的一半，又因为彩色玻璃窗取代了墙壁，唱诗班席和上方的拱廊变得非常明亮。

　　然而，在众多的教堂中，博韦的圣彼得大教堂的可谓做到了极致：它48米的高度令人难以想象，以至于仅仅在教堂被祝圣之后的第十二年——1284年，教堂的唱诗班回廊垮塌了。

巴黎圣德尼修道院教堂
Paris, St Denis

圣德尼修道院保存有法国的守护圣徒圣德尼的墓地和法国诸多国王的陵墓，因此，从中世纪早期开始就享有很高的声誉。在12世纪30年代，修道院院长叙热（Abbot Suger）下令建造了这座新的教堂。

第298—299页图：耳堂和唱诗班席；下图：教堂外立面。

中世纪盛期，圣德尼墓地的热度减退了，修道院院长叙热试图通过建一座新的修道院来维持教堂的影响力。叙热凭借着对神圣建筑的知识和信徒的启迪亲自参加到教堂的设计中。施工开始于西立面和中殿的一些隔间。教堂的地下室和双层的唱诗班回廊建于1140年到1144年之间，技术创新的交叉肋拱使这座教堂成为哥特式建筑的典型代表之一。13世纪时，加洛林式的中殿以辐射式哥特式风格重建。这座教堂还有一些巧夺天工的创造，包括三拱式拱廊的后窗。

巴黎圣德尼修道院教堂
Paris, St Denis

巴黎圣母院
Paris, Notre-Dame

12世纪中叶，巴黎的西岱岛（Île de la Cité）上一整片区域都被拆除了，来为巴黎圣母院提供建造的空间。这座法国宫廷的教堂长130米，高35米，称得上是当时最大的教堂。

下图：东南面的外观；第301页图：外立面；第302页图：富丽堂皇的唱诗班回廊；第303页图：北边耳堂的玫瑰花窗（建于1255年）。

这座壮观的教堂巍然耸立于塞纳河（River Seine）中的西岱岛上，教皇亚历山大三世（Pope Alexander III）1163年为巴黎圣母院奠基。1245年，当西立面建成的时候，这项雄伟的工程终于完成了。正如罗马的圣彼得大教堂和克吕尼修道院等其他卓越的教堂一样，巴黎圣母院有五条通道，走道的末端是唱诗班双层的回廊。然而，这座巴黎建筑的独具匠心之处不仅体现在它的平面布局，还体现在它精巧的立面设计中。中殿的墙壁尤其薄，甚至近乎脆弱，纤细的环饰柱垂直上升，支撑着细肋拱顶。

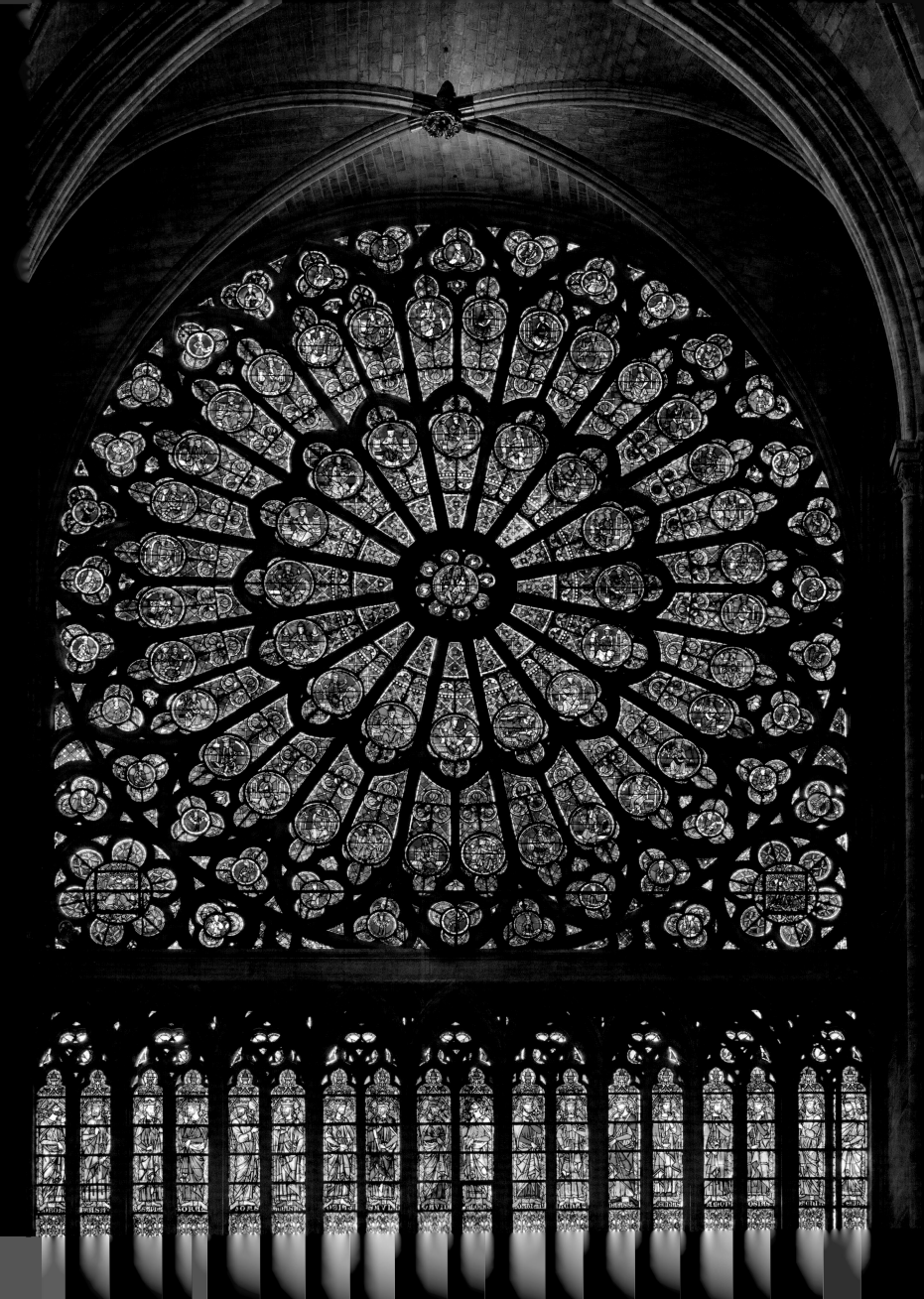

巴黎圣礼拜堂
Paris, Sainte-Chapelle

后来被封为圣人的路易九世（King Louis IX）于1239年向拜占庭的皇帝鲍德温二世（Baldwin II）购买了基督的"荆棘冠"（Crown of Thorns）的残片。为了收藏这件基督教的圣物，他特意修建了一座宫廷礼拜堂。与众不同的是，它采用了双礼拜堂的形式：下层礼拜堂在有限范围内是开放的，上层的礼拜堂只对国王最熟悉的亲信开放。它的室内被装饰得美轮美奂：墙壁上布满了窗户，光线使室内明亮而宏伟，这座教堂是法国国王朝拜的圣所。

圣礼拜堂是位于巴黎西岱岛上的皇家教堂，于1248年被祝圣。

下图和第304—305页图：上层教堂的彩色玻璃窗；第306—307页图：下层的教堂为上层精致的结构提供了基础。

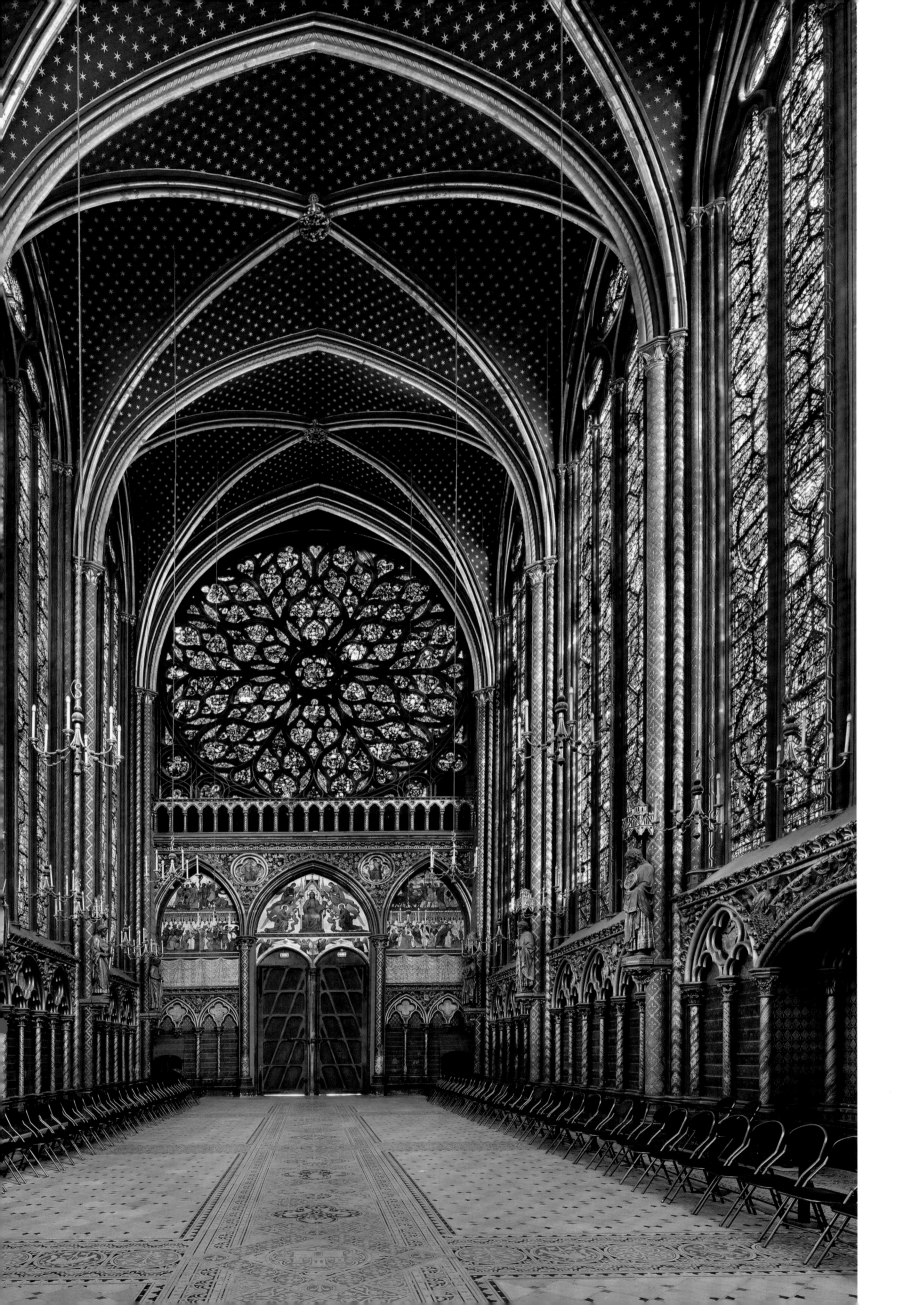

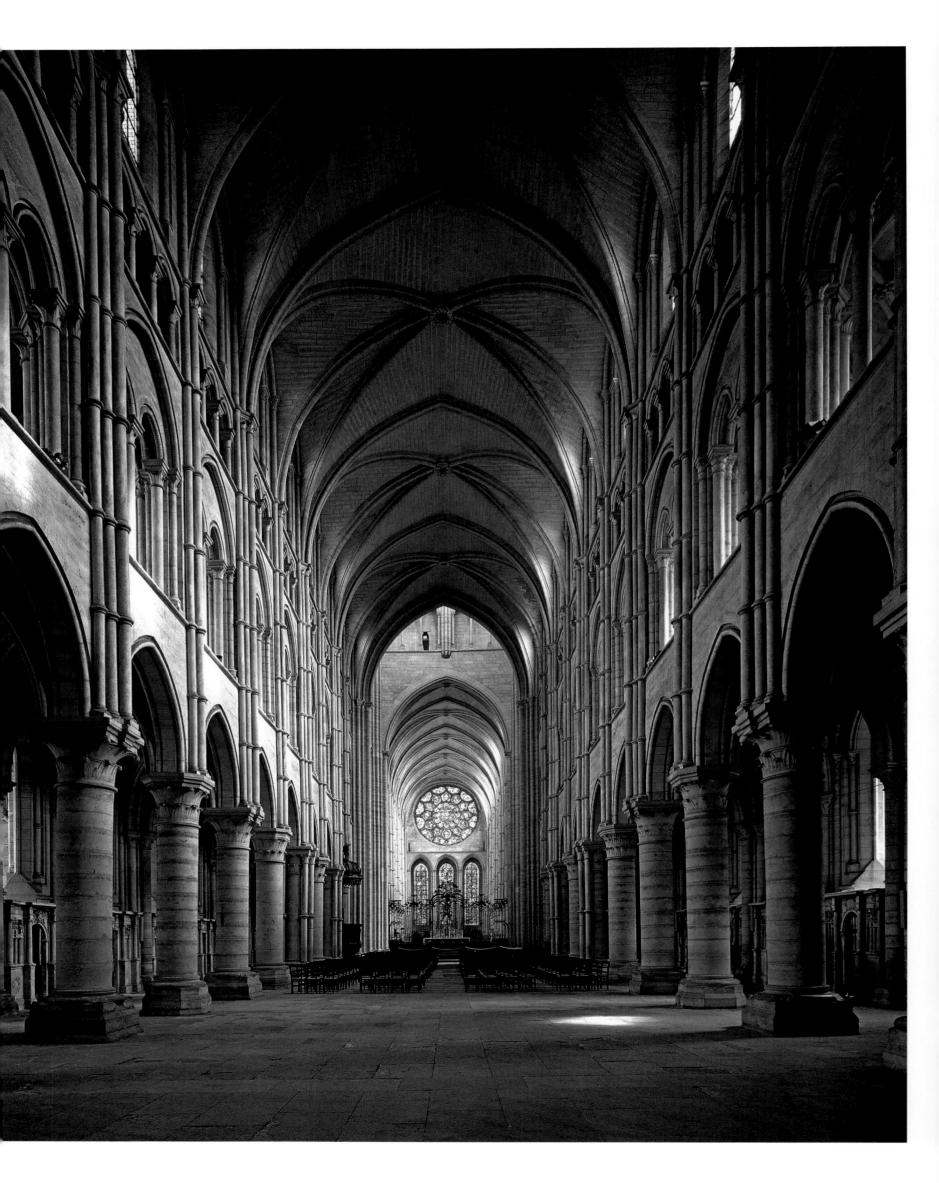

拉昂大教堂
Laon, Notre-Dame

　　在所有的教堂中，拉昂大教堂最能代表法国主教座堂的权力和地位。这座教堂坐落于山峰上，四座壮观的塔楼耸入云霄，主导着这座小镇和周围景观。建于1160年的拉昂大教堂是早期哥特式建筑中以美丽著称的代表，其中大部分都有四层。教堂的外观比例是基于墙壁和内部框架之间的平衡，清晰展示了空间的层次性。这座教堂的设计师们显然注意到了这座教堂的和谐比例：当13世纪新的、巨大的唱诗班席建成时，做到了与旧的建筑结构完美地协调。拉昂大教堂的立面同样别出心裁：大门和窗户、塔楼和壁龛都比较深，创造了光影、材质和空间的对比，同时代的任何建筑都无法媲美这座完美的建筑。这座教堂的建筑和雕塑都别具一格，立面明显和室内协调了起来，三通道的中殿在正立面之后徐徐展开。

这座多塔楼的教堂于1160年奠基，但是在西部的立面于1200年完成后，教士下令建造一座新的、更加华丽的唱诗班席。

第308页图：中殿；下图：西南面的外观；第310—311页图：三个深门廊的、精雕细琢的大门。

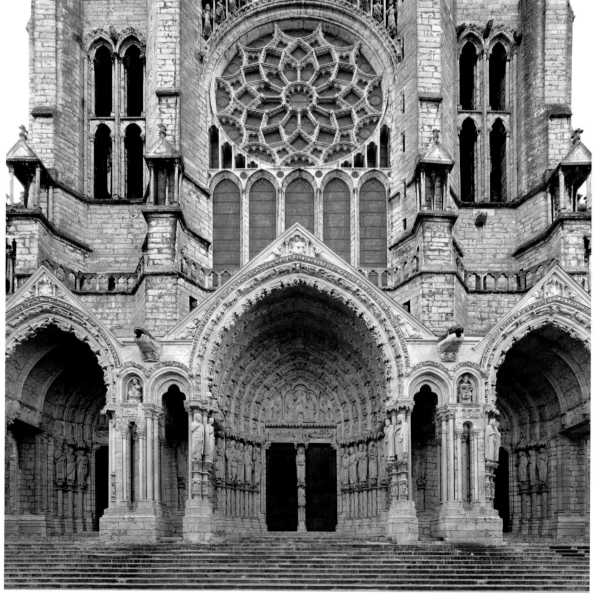

沙特尔大教堂是法国保存圣母遗物的主要圣地之一。今天这座教堂的重建于1194年开工，1220年完工，持续了26年。

左上图：耳堂北立面上的玫瑰花窗；左下图：北大门；第312—313页图：东南面的外观。第314页图：中殿；第314—315页图：唱诗班席的天窗；第315页图：玻璃窗上的圣母图，这座建筑始建于12世纪中期，而这扇彩绘大玻璃窗是西立面唯一幸免于1194年大火的窗户。

沙特尔大教堂
Chartres, Cathedral

　　秃头查理（Charles the Bald）于876年将圣母马利亚的衣服送给了沙特尔主教座堂，这座教堂因为这件珍贵的遗物而享有盛名。从那一刻起，博斯（Beauce）的这个小镇便拥有了源源不断来访的朝圣者，因此教堂需要不断的维修。现在这座教堂是哥特式的代表之作，其前身是罗马式建筑，在一场大火之后进行了重修。修建工作于1194年展开，1220年完成，施工速度非常快，而且把旧建筑的一部分融入了新的建筑之中。在游人到达风景如画的沙特尔小镇之前，人们就能远远看到这座高耸于山顶之上的教堂，欣赏它奇伟的塔楼和巨大的飞扶壁。它的室内空间虽然大，但是精美并且具有良好的比例关系。三段式的立面上有拱廊、天窗，优雅的立柱，两侧有二分之一或者四分之三的壁柱。西立面的皇家大门建于1145年到1155年之间，它丰富而生动的人物雕刻标志了大门设计的新时代的到来。超过2000平方米的彩色玻璃窗同样令人震撼，与布尔日（Bourges）的彩色玻璃窗一样成为这种艺术形式非常有代表性的经典范例。

布尔日圣司提反大教堂

Bourges, St Stephen

在亨利·冯·苏利大主教（Archbishop Henry von Sully）的命令下，布尔日圣司提反大教堂于1195年奠基。工程分两个阶段完成：唱诗班席完工于1214年，但是中殿和外立面的工程开始于1235年，中间中断了10年，基本完工于1255年。这座教堂与苏瓦松和沙特尔的大教堂于相同的时间完工，但是很难在它们之间找到共同点。首先，教堂的平面没有耳堂：它有五条通道和一个双层的唱诗班回廊，因此在风格上更接近于巴黎圣母院或者克吕尼修道院。教堂的外观非常轻盈，有一种超凡脱俗的美感。教堂内部同样非常精美：镂空的墙面看起来没有重量，而墙的表面则镶嵌在向上升腾的、独立的组合柱群之间。整座建筑都以高超的技法减轻荷载，减少支撑构件。因为它超现代的、精妙绝伦的建筑风格，后来没有教堂能模仿它，它是建筑历史上独一无二的经典作品。

始建于12世纪晚期的圣司提反大教堂设计风格创新而现代。像沙特尔大教堂一样，它的显著特征是独一无二的彩色玻璃窗。

第316页上图：回廊中耶稣受难主题的彩色玻璃窗（Passion Window），建于1214年；第316页左下图：侧廊；第316页右下图：中心通道；下图：东南面的外观。

兰斯圣雷米修道院
Reims, St-Remi`

本笃会的这座修道院教堂原本的设计更加富丽堂皇。

左下图：建于11世纪的庞大中殿；第318—319页图：建于1180年左右的哥特式唱诗班回廊。

1005年，修道院院长艾拉德（Abbot Airard）为这座新的修道院教堂奠基。它的耳堂高100米，宽65米，覆盖了巨大的空间。当艾拉德于1034年去世之后，继任者决定根据原来设想的比例关系完成这座教堂的建设，但是形式要更加朴素。尽管如此，中殿的立面仍然与早期的罗马式建筑风格相呼应：组合柱支撑着第一层的拱廊，同时走廊上层的大拱券向上延伸到屋顶。新的教堂于1049年被祝圣。这座教堂在最开始是平顶，而今天的教堂充满了哥特式的群柱、拱顶。唱诗班回廊也经过了翻修，它现今的面貌来源于12世纪晚期的重建。

兰斯圣母大教堂
Reims, Notre-Dame

从9世纪开始，法国的君主需要在兰斯大教堂中加冕，所以新的哥特式教堂（建于1211年）需要符合加冕典礼的高标准。

第320—321页图：西立面的彩色玻璃；第320页左下图：建于1255年左右的西立面；第320页右下图：装饰以雕塑的内墙。左下图：教堂内部；右下图：装饰雕塑细节；第322-323页图：南耳堂外立面。

旧的大教堂于1210年被烧毁，在1211年，新的教堂奠基并开始修建。在此17年前，沙特尔大教堂已经开始修建了，兰斯圣母大教堂就是仿照这座13世纪最华丽的教堂建造的。虽然圣母大教堂借鉴了很多沙特尔大教堂的装饰元素，但是这些装饰元素在当地文化传统的影响下变得更加丰富，并被赋予了新的文化意义。在这座教堂于1300年完成之前，一共有五位建筑师参与了教堂的监工，他们的名字被刻在教堂地板的石头迷宫中。兰斯圣母大教堂的别出心裁之处还有上层天窗上的花窗饰，它们不仅代表了美学上的提升，还创立了新的技术标准：使用模板可以快速生产轻薄的窗格。圣母大教堂的花饰窗格很快地在中世纪的欧洲流传开来，并成为哥特式建筑装饰的代名词。

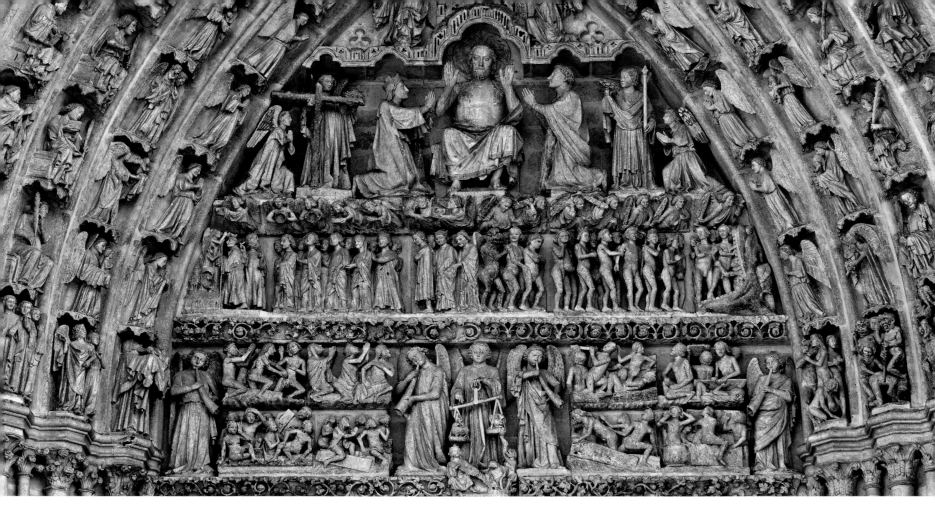

亚眠大教堂
Amiens, Notre-Dame

主教和市民都出资支持了亚眠大教堂的
建造。建设工程开始于1220年，在70
年内完工。

第324页上图：就像很多其他中世纪的
教堂一样，正门上的顶饰雕刻着最后的
审判；第324页左下图：西立面；第
324页右下图：大门上方有陈列国王的
雕塑；左图：中殿。

　　亚眠大教堂在规模和华丽程度上
都超过了兰斯和沙特尔的大教堂。建
筑大师吕扎什的罗贝尔（Robert of
Luzarches）和他的继任者们在1220
年和1288年之间采用统一的建造思路，
为这座教堂设计出了精致而明亮的室内
结构。亚眠大教堂是法国的辐射式哥特
式教堂的第一个例子。教堂的外立面让
人联想起如蛛丝般轻盈的茧，让参观者
有一种升华的视觉体验。与簇拥着这座
教堂的房屋形成了鲜明的对比，它令人
肃然起敬。正门上的拱形顶饰中最后的
审判浮雕技巧精湛，人物形象丰富。进
入教堂的信徒会思考着最后的审判，他
们的命运会被判决为永生抑或是永恒的
惩罚。教堂室内引人注目的设计是富有
节奏感的高拱门，它们占据了立面一半
的高度。另外，唱诗班回廊上方的拱廊
安装了彩色玻璃窗，令室内宽敞明亮。

桑斯大教堂
Sens, St Stephen

虽然教堂耳堂华丽的立面建造于16世纪早期，但是就其本质而言，这座纪念圣司提反的大教堂是法国古老的哥特式教堂代表。

左下图：教堂内部；第326—327页图：耳堂的立面；第327页图：南边耳堂的玫瑰花窗。

　　桑斯的唱诗班回廊与圣德尼修道院教堂建造于几乎相同的时间——约1140年，并非偶然的是，两座教堂的修道院院长亨利·桑格利耶（Henry Sanglier）和叙热之间还有联系。中殿建于12世纪晚期，但是它美丽的彩色玻璃窗是在后来的几个世纪中加建上去的。具有壮观的哥特式晚期的南立面的耳堂一直到百年战争（Hundred Years' War）的结束才建成。耳堂的立面上装饰着巨大的玫瑰花窗，辅以华丽而优雅的窗格饰。来自巴黎的建筑师马丁·尚比热（Martin Chambiges）负责了这个阶段的建造工程，他同样设计了博韦（见328页到329页）、特鲁瓦（Troyes）和桑利斯（Senlis）的大教堂的立面。

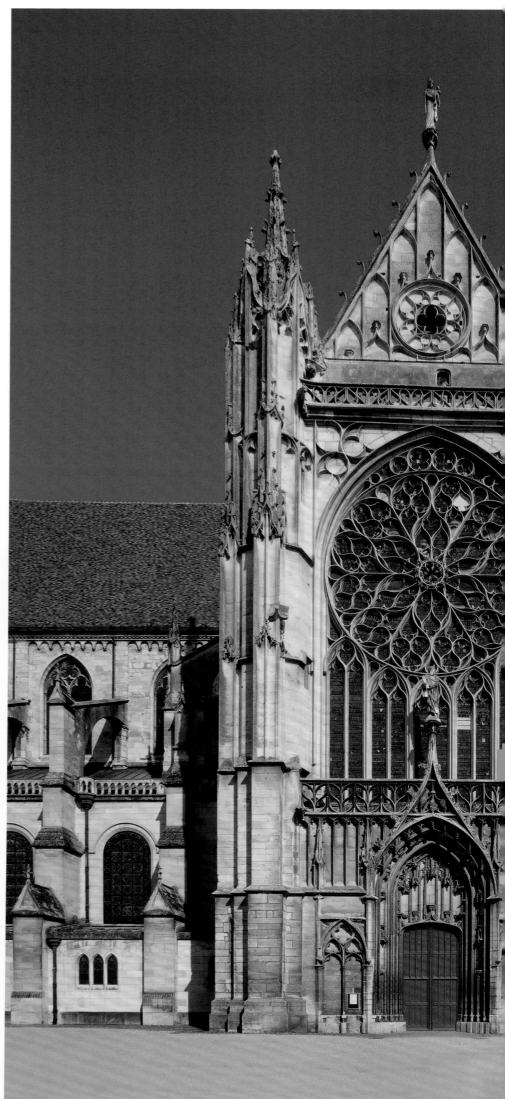

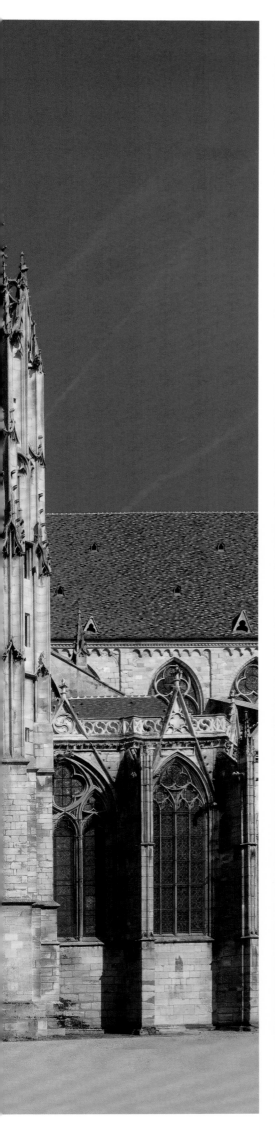

博韦圣彼得大教堂
Beauvais, St Peter

　　这座教堂凭借它的高度和精美震撼着参观者，见证了建筑的恢宏壮丽之美。48米高的拱顶规模之大令人难以想象，然而可能是因为扶壁系统不能支撑拱顶和墙壁的荷载，唱诗班回廊在祝圣后的第12年就垮塌了。当教堂重建的时候，内部的支撑立柱数量翻倍，以提升稳固性。这座教堂的建造一直进行到14世纪和百年战争时期，以至于中殿的建筑最终被废弃。

博韦是法国非常富裕的城镇，其教堂以规模和大胆的建筑风格意图超越其他的哥特式教堂。

下图：建于1225年的教堂外观；第329页图：唱诗班回廊内景，它在1284年倒塌之后根据一个新的设计方案重建。

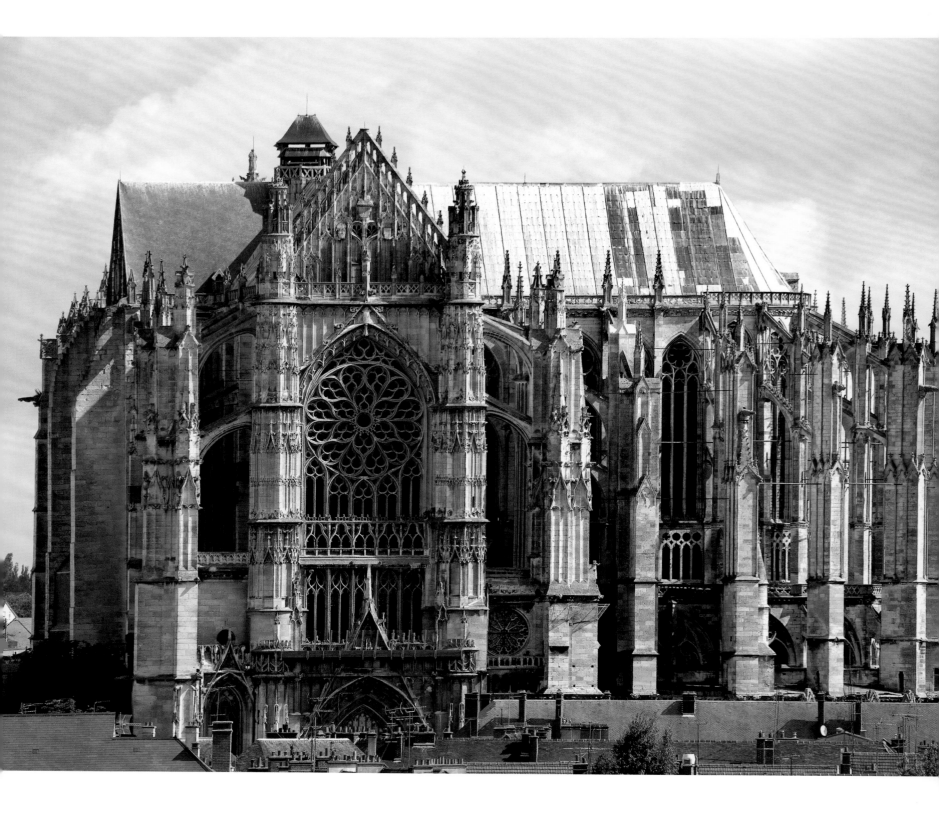

法国

陶尔

拉塞乌赫利

圣佩雷·德罗德斯

里波尔

卡尔多纳

赫罗纳

莱里达

圣克劳斯

巴塞罗那

波夫莱特

塔拉戈纳

蒙特费里

比斯塔韦利亚

西班牙

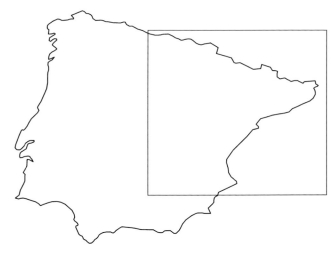

巴塞罗那及其周边

加泰罗尼亚地区教堂建筑的变迁

加泰罗尼亚（Catalonia）位于伊比利亚半岛（Iberian Peninsula）的东北角，从过去到现在都有些与众不同。与西班牙其他的区域不同，加泰罗尼亚有自己的语言——加泰罗尼亚语（Català），它深深植根于该区域悠久的历史文化中。阿拉伯人对伊比利亚半岛的入侵从711年开始，到9世纪结束，持续的时间非常短，几乎没有留下任何的痕迹。这片领土之后变成了法兰西帝国的"西班牙边境区"（Spanish March）。当加泰罗尼亚在9世纪末获得独立时，这片区域的伯爵，就像阿拉贡王室（House of Aragon）后来的统治者一样，总是倾向于回到法国或者欧洲中部，而不是卡斯提尔（Castile）。加泰罗尼亚和法国南部的紧密联系对加泰罗尼亚的历史和艺术造成了深刻的影响。

早期的罗马式建筑大多建造于优美的自然景观中，加泰罗尼亚拥有两座有代表性的早期罗马式建筑——圣佩雷·德罗德斯修道院（St. Pere de Rodes Abbey）和卡尔多纳教堂（Cardona Church），这两座建筑都有坚固而精巧的结构。里波尔（Ripoll）的本笃会修道院的立面上有雕刻于12世纪的丰富多样的形象，因此被看作是"石头的圣经"。比利牛斯山脉（Pyrenean Valleys）的博伊谷地（Vall Boí）即使今天也很难到达，然而却保存有独一无二的连环壁画，没有别的壁画能媲美于它们的表现力和色彩。20世纪初期，不择手段的艺术商人开始将壁画剥离并运到美国销售，后来这些

幸存珍贵的画作被送到巴塞罗那的加泰罗尼亚国家博物馆（National Art Museum of Catalonia）收藏。

中世纪晚期同样留下了很多艺术成就：赫罗纳大教堂（Girona Cathedral）建成了中世纪最宽的拱顶；巴塞罗那渔民和海员的教堂——海洋圣母教堂（Santa Maria del Mar）呈现出中世纪哥特式艺术中无与伦比的简约和高尚。塔拉戈纳（Tarragona）附近的波夫莱特（Poblet）和圣克劳斯（Santes Creus）的西多会修道院以它们壮观的皇家陵墓证实了教堂和国家之间的联系。

20世纪初，丰富而独立的中世纪传统和加泰罗尼亚的艺术家一起为日渐兴盛的被称作现代主义（Modernism）的加泰罗尼亚艺术奠定了基础。这场运动的代表人物是怪才安东尼·高迪（Antoni Gaudí），对于他来说，关于历史的系统调研纯属无稽之谈。出于这种设计思想，安东尼·高迪总能创造出超越他的时代的艺术作品，甚至能让今天去参观的游客叹为观止。高迪是一个经验主义者，他的远见卓识来自他对经验的总结。他唯一承认的大师就是自然，这使他总能在技术和艺术上开拓创新，提出完美的解决方案。

巴塞罗那大教堂
Barcelona, Cathedral

在马略卡（Majorcan）的建筑师豪梅·法夫雷（Jaume Fabre）的指导下，加泰罗尼亚的哥特式建筑中以壮观著称的室内设计竣工了：宽阔的中殿和两侧带有礼拜堂的高敞的侧道，径直通往长79米、宽25米的唱诗班回廊。巨大的群柱支撑着高达26米的交叉肋拱屋顶，尖十字拱的顶端有精雕细琢而色彩斑斓的大型的拱顶石。大厅的庄严和大气被位上方的透光廊道渲染得更加有魅力，光线从这些廊道的窗户照进室内，人们会惊奇地发现这座教堂不仅有五条通道，而是有七条通道。在教堂的地下室里，雪花石膏棺安放着教堂和城市的保护圣徒的遗体。这座石棺由意大利皮萨尼（Pisani）家族圈子里的艺术家圈子完成，被认为是加泰罗尼亚的意大利雕塑独一无二的标志。

巴塞罗那大教堂是献给圣十字（Holy Cross）和圣女尤拉莉娅（Sta. Eulàlia）的。今天这座建筑是在1298年奠基的。

第332页图：从唱诗班席朝东边看的教堂内景；
下图：建于1327年的圣女尤拉莉娅的石棺。

巴塞罗那海洋圣母教堂
Barcelona, Sta. Maria del Mar

因为所有负责修建的行会都没有收取费用——包括搬运工和体力劳动者，所以这座教堂的建造在短暂的54年内就完成了。海洋圣母教堂的外观非常简约，但在砖墙之内的室内装饰设计是整个地中海领域尤为壮观的。均衡而开阔的比例和对光线的巧妙处理赋予了它崇高而脱俗的气息。这座教堂用的装饰也很少：简洁的八角柱支撑着拱顶，建筑中的雕塑也化繁为简。简单的平面布局遵循的是加泰罗尼亚和奥西塔尼亚（Occitanian）的风格传统：三通道的中殿没有耳堂，在唱诗班回廊周围修建了扶壁，而在扶壁之间修建了侧廊和礼拜堂。

海岸区（Barri de la Ribera）是海边渔民和海员的聚集地。海洋圣母教堂就坐落在这里。

第334—335页图：教堂内景（向西看）；上图：唱诗班回廊的拱顶。

巴塞罗那圣家族大教堂

Barcelona, Sagrada Família

　　19世纪末，加泰罗尼亚的圣徒约瑟（St Joseph）的信徒联盟想修建一座石头的教堂，以表明天主教的信仰，同时也适应工业时代的变革。他们选中建筑师弗兰塞斯克·德保拉·德尔比利亚尔（Francesc de Paula del Villar）负责设计，他的设计方案是建造一座新哥特式教堂。但是，安东尼·高迪很快接手了设计任务，他在原来哥特式风格的基础上构思出了一个现代主义的、形状奇特的方案。尤其是在结构工程领域，高迪很重视自然中的几何形状。所有外立面的建造构件和雕塑形象都源于一个综合的图像系统。1926年高迪突然去世之后，工程中断了。后来到了20世纪50年代，依旧是靠捐赠的资金，工程才得以继续进行下去，直到今天，教堂仍在修建中。

始建于1899年的圣家族大教堂后来按照安东尼·高迪的方案施工。这座为穷人而建的教堂象征着天主教的信仰，如今是巴塞罗那最著名的旅游景点。

第336页图：教堂东立面；下图：雕塑的细节；第338—339页图：正在施工的拱顶。

希罗纳大教堂
Girona, Virgin Mary

　　加泰罗尼亚的哥特式建筑大多技艺高超，这座教堂的内部空间看上去庄严肃穆，令人震惊。独具特色的拱顶34米高，23米宽，是那个时代对结构的大胆挑战。在这件创新的建筑作品开工之前，设计方案变化了几次，建筑师和承包商之间还产生了激烈的争论。后来在建筑大师吉列姆·博菲利（Guillem Bofill）的劝说下，这项突破常规的工程得以顺利实施。这座教堂采用了巴塞罗那的建筑风格，拱顶的推力由室内的礼拜堂和扶壁支撑着。

壮观的、逐级上升的台阶通往希罗纳大教堂。在巴洛克风格的立面背后是建造于15世纪宏伟的哥特式风格的内部。

下图：教堂西立面；第341页图：教堂中殿（向东看）。

圣佩雷·德罗德斯本笃会修道院
St. Pere de Rodes

风景如画的圣佩雷·德罗德斯本笃会修道院耸立在布拉瓦海岸（Costa Brava）旁边的丘陵上，被认作是中世纪建筑的典型代表。

上图：整体外观；第343页上图：建于11世纪的修道院教堂内景；第343页左下图：柱子的细节；第343页右下图：柱头上的浮雕描述的是基督呼召圣徒彼得和安德鲁，完成于12世纪（摹本）。

在8世纪阿拉伯占领加泰罗尼亚的时候，战略性的规划推动了圣佩雷·德罗德斯本笃会修道院的建设。现在所见的这座教堂始建于9世纪，于1022年被祝圣。教堂长37米，是同时代体量较大的教堂。两排高柱基上的十字形柱子将高大的、筒形拱顶的中殿划分成了三部分。精美的柱头也独具特色，它们让人联想起科尔多瓦（Cordoba）阿拉伯帝国的艺术。教堂的立面上有描绘基督呼召圣徒彼得和安德鲁的柱头，这幅浮雕由在加泰罗尼亚和鲁西荣（Roussillon）工作过的卡韦斯塔尼（Cabestany）大师完成。

里波尔圣马利亚修道院
Ripoll, Virgin Mary

建造于879年的里波尔本笃会修道院是同时代非常有影响力的修道院。教堂的西立面布满了人物浮雕。

第344页图：修建于12世纪中期的西立面；下图：修建于11世纪的唱诗班席的外观。

长度11.6米，高度7.65米的教堂立面被尊奉为"石头的圣经"，巧夺天工的浮雕分为六横排，描述了先知但以里（Daniel）的异象，以及圣经《旧约》和《新约》中的情节。浮雕中，怪兽以及对人性弱点的影射，以一年四季各个月份的现实生活中的劳作体现的现世负担，都通过基督得到了救赎。浮雕上的故事暗指加泰罗尼亚最终会脱离阿拉伯人的统治。从这个意义上来说，这座大门可以被理解为"救赎史的凯旋门"。

卡尔多纳圣文森特教堂

Cardona, St. Vicenç

位于卡尔多纳山顶的城堡曾经是法兰克人抵御阿拉伯人的前沿堡垒，今天依旧气势磅礴。在卡尔多纳小镇里还有一座壮丽的圣文森特教堂，贝雷蒙德子爵（Viscount Beremund）下令修建了这座教堂，修建时间为1029年到1040年。教堂的平面和立面都呈现出了超越那个时代的平衡和简约。室内墙壁简单而精美的结构显得既清晰又有条理，使整栋建筑成为一个统一的整体。突角拱上巨大的穹顶坐落于平面的十字交叉处，建筑的其他部分也覆盖以拱顶。中殿和耳堂之上覆盖着筒形拱顶，它们高19米，宽6米，有强烈的纵深感，给人以高大而陡峭的心理感受。

这座被城堡围绕着的教堂是加泰罗尼亚的罗马式建筑的重要代表作品之一。

下图：教堂外观；第347页图：11世纪中期建造的教堂内部。

拉塞乌杜尔赫利主教座堂
La Seu d'Urgell

拉塞乌杜尔赫利位于塞格雷河（Segre）
和瓦利拉河（Valira）的交汇处，它
的名字里有拉丁文的"主教的座位"
（Seu）。这座教堂始建于1116年，见证
了加泰罗尼亚神职人员的权力和要求。

第348—349页图：从东南方向看教堂
的外观。

在11世纪初期，埃门戈尔主教
（Bishop Ermengol）下令建造拉塞乌
杜尔赫利主教座堂，相比之下，作为
这里最初的教堂加洛林王朝的遗址显得
过于小了。这座教堂于1040年被祝圣，
然而60年后，它成了一片废墟，第三座
教堂于1116年至1122年之间奠基。直
到1175年意大利建筑大师雷蒙德斯·兰
巴多斯（Raimundus Lambardus）被
任命为教堂的负责人，工程才有了实质
性的进展。1182年，教堂的拱顶、穹
顶和钟塔完工了。雷蒙德斯明显在这座
教堂中运用了北意大利的建筑知识，因
为很多的细节，从教堂的立面到布置半
圆形后殿的墙壁和低侧廊的方法，都效
仿了那里的建筑风格。

陶尔圣克莱门特教堂
Taüll, St. Climent

博伊谷地的陶尔事实上有两座教堂，它们都有别具一格的壁画。两座教堂于1123年的12月10日和12月11日依次被祝圣。

左图：从东南面看圣克莱门特教堂的外观；第351页图：半圆形后殿里描绘基督的壁画，此画是1123年原版的复制品。

　　圣克莱门特教堂比陶尔的另一座教堂早一天祝圣，坐落于小镇外田园诗般的环境中。教堂的室内曾经保存着杰出的罗马式壁画作品，但是今天只能研究它们的摹本了。但是，人们可以通过墙上画作的青绿色、红色、赭色的色调感受其原作的独特魅力。壁画中的基督睁大双眼，用温和的目光打量着他的信众，这种宏大的气势在艺术中很难被超越。他举起右手，摆出了一个庄严但并无压迫感的姿势，宣告："我是世界的光明"以及 "开始和结束"（由 α 和 ω 分别代表开始和结束）。

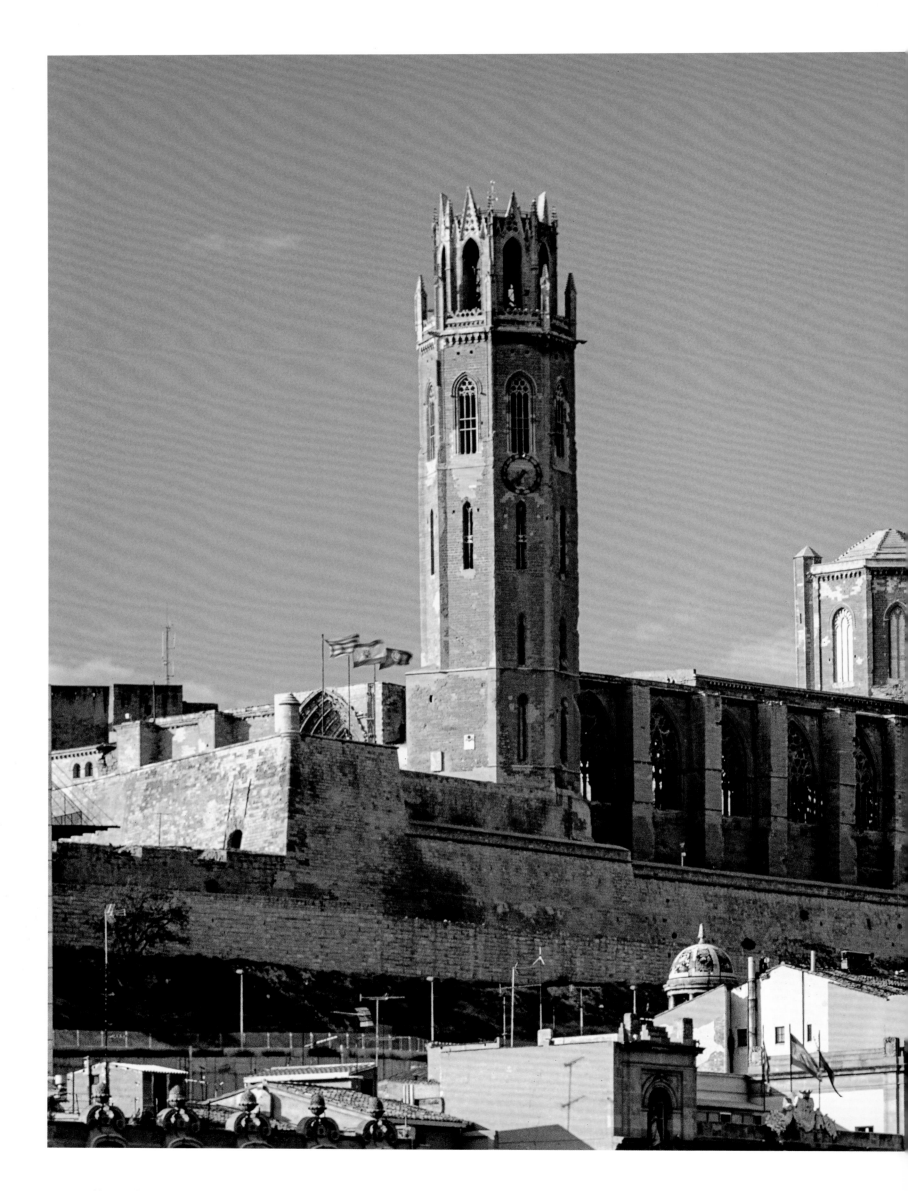

列伊达塞乌维拉大教堂
Lleida, La Seu Vella

现在，列伊达的这座修筑了防御工事的城堡在山丘上俯瞰着坐落于塞格雷河畔的城市。位于城堡内的大教堂于1203年奠基。根据碑文上的记载，佩雷·萨·科马（Pere Sa Coma）和佩雷·德普雷纳费塔（Pere de Prenafeta）主持了工程的进行。

第352—353页图：城堡和教堂的遗址。

    1278年，塞乌维拉大教堂被祝圣，它简洁的三通道的中殿两侧有突出的耳堂，然而建筑细部都尚未完工，修道院回廊和八边形的穹顶直到14世纪才建成。1364年，豪梅·卡斯科尔（Jaume Cascalls）负责的钟塔动工了。1426年，大师卡利（Carlí）完成了教堂的拱顶。不同寻常的是，修道院回廊被布置在教堂的西面，恰好位于入口以外。这个位置之前建造的是阿拉伯清真寺的前院，这个前院在后来也被使用了。之前建造的那座中世纪的教堂坐落于修道院回廊的北翼。

波夫莱特修道院
Sta. Maria de Poblet

在塔拉戈纳的内陆地区有三座西多会修道院。这里描述的是建于12世纪中期的波夫莱特修道院。

右上图：建于14世纪的牧师会礼堂；第354—355页图：修道院外观；第355页上图：修道院教堂中建于14世纪下半叶的皇家陵墓。

在三座修道院中，波夫莱特修道院是年代最古老、历史意义最重要的一座。这座教堂的创立者是拉蒙·贝伦格尔四世公爵（Count Ramón Berenguer IV），他迎娶了阿拉贡的国王女儿彼得罗妮拉（Peronella），加入了加泰罗尼亚皇室。1151年，他将土地给了法国丰弗鲁瓦德修道院（Fontfroide Abbey）的僧侣们，他们将这间新的住所命名为"杨树苗圃"（Populetum）。因为有大量的资助，这座修道院很快发展成经济和权力结构中的重要组成成分。1340年，佩雷三世（Pere III el Ceremoniós）将波夫莱特修道院指定为加泰罗尼亚-阿拉贡王朝的皇室成员的下葬之所，这里的建筑和装饰都反映出了这个情况。三层围墙和塔楼一起围绕并保护着这个庞大的修道院建筑群，一个完整的修道院的城镇从中心向边缘徐徐展开，迎接着外面的世界。

圣克雷乌斯修道院

Santes Creus

圣克雷乌斯修道院（圣十字修道院）离波夫莱特修道院有30千米远，它的名字来源于天空中奇迹般出现的一排十字架。

右上图：建造于1174年至1211年之间的修道院的内景；下图：建立于1158年的修道院的外观；第357页图：建造于1291年到14世纪之间的皇家陵墓。

　　圣克雷乌斯修道院暂时起到了阿拉贡的国王们的皇家陵墓的作用，并且有只受教皇监管的特权。与波夫莱特修道院相比，圣克雷乌斯修道院的规模更小，也远没有那么壮观。尽管如此，这座教堂是加泰罗尼亚晚期罗马式建筑的经典作品。这座始建于1174年、祝圣于1211年的建筑是西多会教堂庄严和简约的主要代表。与教堂的纯净风格形成鲜明对比的是两座精雕细琢的纪念碑，一座是为了纪念佩雷尔·格兰（Pere el Gran）（逝于1285年）和他的妻子康斯坦丝（Constance），另一座是为了纪念他们的儿子豪梅二世（Jaume II）（逝于1327年）和安茹的布兰卡（Blanca of Anjou）。在属于逝者的圣洁的石棺上方覆盖着精致的哥特式华盖。

蒙特费里蒙特塞拉特岛圣马利亚圣殿

Montferri, shrine of the Madonna of Montserrat

比斯塔韦利亚的圣心圣殿

Vistabella, Sagrat Cor

在蒙特费里和比斯塔韦利亚这两座城镇里有两座重要的建筑，它们的设计师是安东尼·高迪最有天赋的学生——何塞普·马里亚·于约尔（Josep Maria Jujol）。

左图：始建于1926年的蒙特费里的圣殿；第359页图：建于1918年到1923年之间的比斯塔韦利亚的圣心圣殿。

　　在于约尔的教堂里，现代主义的建筑元素被糅合进了表现主义的哥特式的复兴思潮。蒙特费里蒙特塞拉特岛的圣殿建设工程于1930年由于资金的因素停工了，于约尔发挥创造力进一步将圣家族大教堂建筑中的主题运用到了这座教堂里。在他之后，一个工程项目团队使这件独具匠心的作品继续施工，最终完成于1999年。四十二根砖石柱子支撑着三十三个高低不同的小拱顶，它们支撑在相交的抛物线形的肋梁上。

　　在比斯塔韦利亚，因为一座六边的砖石金字塔，砖和大型的石头使高耸的圣心圣殿看起来像周围景观的一部分，让人想起晚期哥特式的多边形尖塔。室内的抛物线形拱上方支撑着一个穹顶。

塔拉戈纳大教堂
Tarragona, Virgin Mary

当加泰罗尼亚的再征服运动结束时，筑防良好的塔拉戈纳大教堂于1174年奠基。

第360—361页图：教堂外观，可以看到回廊以及耳堂、唱诗班席外部和十字平面布局。

塔拉戈纳大教堂的选址颇有特色，被建造在古城中最负盛名的地方：这里是罗马帝国神殿矗立的地方。12世纪末，三座大小不一的半圆形后殿基本完成。13世纪中期，宽阔的耳堂和十字塔楼也开工了。中殿的施工一直持续到13世纪末。这座建筑混合了晚期罗马式风格，比如柱头上生动的雕塑（甚至有老鼠和猫的形象）、哥特式的结构和当时流行的阿拉伯装饰。

英国

林肯

彼得伯勒

伊利

剑桥

格洛斯特

伦敦

韦尔斯

坎特伯雷

索尔兹伯里　温彻斯特

埃克塞特

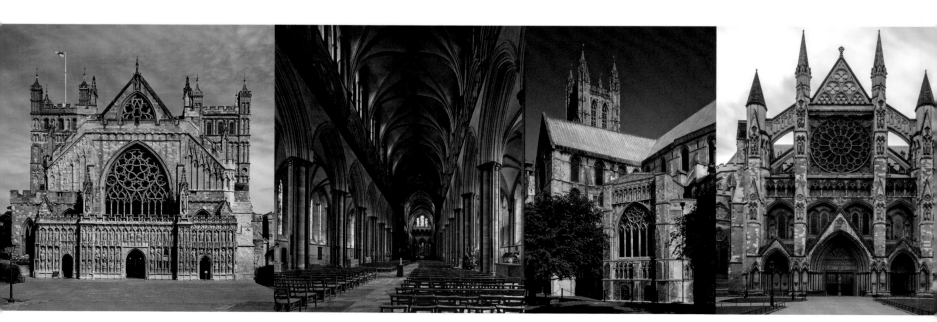

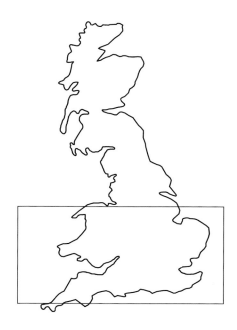

伦敦及其周边

英国的中世纪教堂

英国的教堂为欧洲的旅行者提供了一幅第一眼看上去不同寻常的画卷。法国的主教座堂坐落在中世纪街道上，而英国的教堂坐落在旧城市的边缘，四周没有遮挡，被周围绿色的草坪环绕着。田园诗般的环境营造了英国教堂浪漫的氛围。

然而，这并不是英国教堂唯一的特质。在这里，人们找不到法国和德国教堂中熟悉的双塔立面，宽阔展开的立面呈现出一个优美的形象。外立面与中殿的连接并没有依靠清晰的建筑结构。西大门相比之下不太重要，英国教堂的主入口位于东北面，而且有富丽堂皇的前廊。

英国哥特式建筑可以分为三个阶段，这本书接下来会带读者研究它们。早期风格，是三个阶段中的第一阶段，时间为1170年到1240年。它借鉴了早期法国哥特式的风格，这种风格尤其由西多会的修士传播开来。神职人员和建筑大师之间的私人沟通增大了这种建筑风格的影响力，在坎特伯雷大教堂（Canterbury Cathedral）的设计中，法国人桑斯的威廉（William of Sens）就是因此赢得了英国修士举办的建筑设计竞赛。

威斯敏斯特教堂（Westminster Abbey）标志着英国哥特式建筑的第二个阶段——装饰风格的开端。英国1240年到1330年之间的建筑主要致力于装饰艺术方面的实验，所以这个名字很好地体现了它的内涵。墙面、窗户和拱顶上的装饰比结构上的创新更加突出。建筑和雕塑融合成盛期哥特式"永世的艺术"。威斯敏斯特教堂所运用的主题在林肯大教堂（Lincoln Cathedral）和天使唱诗班席（Angel Choir）中得到了进一步的发展。天使唱诗班席传统的东立面的墙壁安装了窗花格。

第三个阶段是垂直风格，普遍使用垂直和水平的线条，这被看作是装饰风格时期过于华丽的风格的回应。始建于1330年的格洛斯特大教堂（Gloucester Cathedral）充分体现了垂直风格，纤细的肋架伸展，形成了格子框架，覆盖并且统一了立面。

15世纪，学院推动了艺术创造。学院大多由王室建立，环境优美，设备齐全，其中的礼拜堂起到了皇家陵墓的作用。剑桥国王学院礼拜堂（King's College Chapel in Cambridge）拥有精美的窗花格、金银丝条的栅栏和令人惊叹的扇形穹顶，是尤为美丽的宗教建筑代表。

伦敦威斯敏斯特教堂
London, Westminster Abbey

这座修道院被看作是装饰风格，即英国哥特式风格的第二阶段的先驱。它建于1258年到1375年。

下图：北边耳堂的立面；第365页图：教堂中殿；第366和367页图：亨利七世（Henry VII's）的礼拜堂，建于1503年，外观和内部。

威斯敏斯特教堂由亨利三世赞助，主要是出于政治的原因并旨在与法国教堂竞争。毫不奇怪的是，这座教堂是所有英国哥特式教堂中最具法国风格的。建筑师是亨利·德雷恩斯（Henri de Reyns），他的名字源于法国的兰斯市。事实上，由他设计的威斯敏斯特教堂表现出了与兰斯大教堂的许多相似之处。教堂的唱诗班席、回廊、周围放射状的礼拜堂、中殿的立面和教堂32米的高度都带有法国风格，而对于英国来说不同寻常，如果没有兰斯的大教堂为模板的话，这些在英国都很难想象。

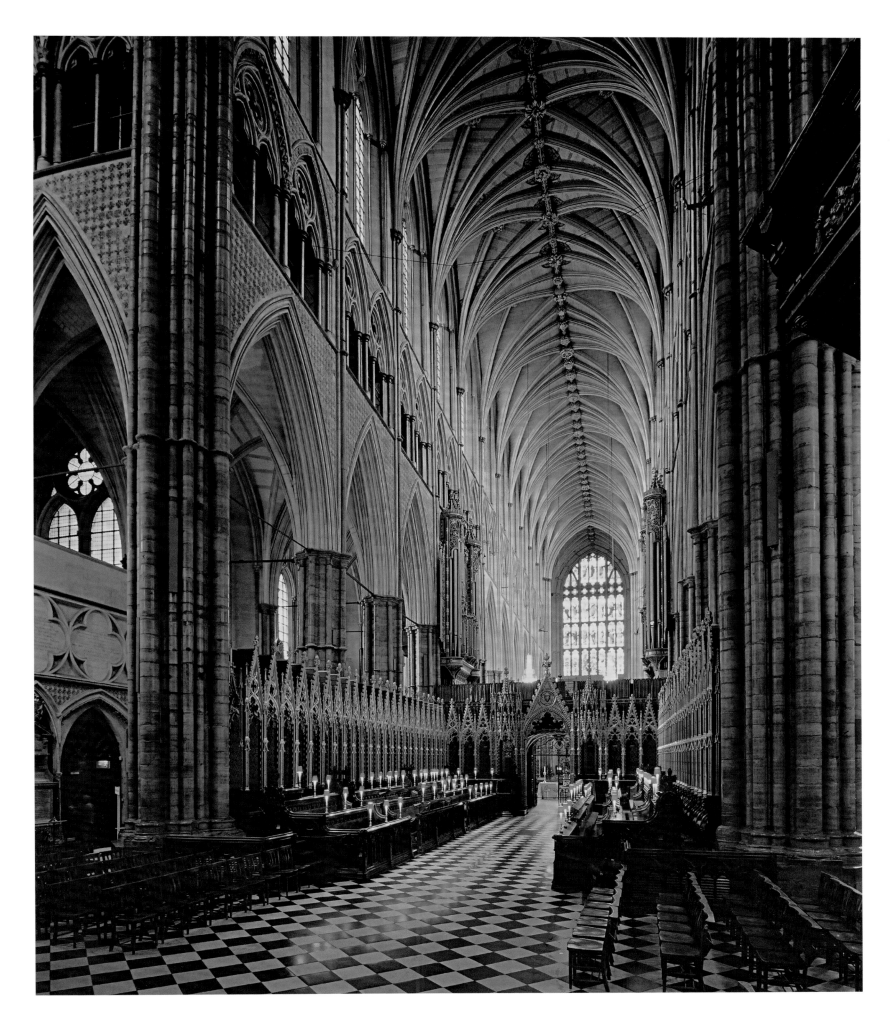

伦敦圣保罗大教堂
London, Saint Paul's Cathedral

为了与罗马圣彼得大教堂竞争，这座英国大教堂新巴洛克式建筑的设计风格形成了：克里斯托弗·雷恩（Christopher Wren）的"伟大模型"可以与米开朗基罗的杰作相媲美。

第368—369页图：建筑的外部（始建于1675年）；第370—371页图：西立面；第371页图：朝向西面的通道。

1666年9月，一场大火使伦敦变成一片废墟。国王查理二世（King Charles II）随即委托建筑师克里斯托弗·雷恩为重建城市和大教堂制定计划。经过数次重建计划的更改，一个传统的纵向结构设计方案取代了最初设想的集中式建筑方案。这种方案的标志是巨大的111米高的交叉圆顶。主立面由两侧塔楼之间的两层门廊构成。不同元素的组合在建筑内部绵延；中堂和唱诗班席的纵翼随意地添加到圆顶区和耳堂的中心复合建筑上。学院派古典主义（Academic Classicism）塑造了这座建筑。

坎特伯雷大教堂
Canterbury, Cathedral

坎特伯雷市位于英格兰东南部，是一个有影响力的大主教辖区的所在地。它因托马斯·贝克特（Thomas Becket）的谋杀案而更加著名。

下图：大教堂圣坛（建于1175—1184年）；第373页图：从东南方向看的教堂外观。

当大教堂在1174年被焚毁时（也就是被杀的大主教被追封为圣徒的一年后），大教堂的修士举行了一场建筑比赛，法国人桑斯的威廉赢得了比赛。尽管在比赛中，他被要求将新教堂建在原有建筑的围墙内，但他仍然成功地创作了一个具有开创性的、真正的"法式"艺术品；修道士的唱诗班席由比例精妙的三部分墙立面组成；由黑色珀贝克（Purbeck）大理石制成的雅致的柱群增强了建筑的垂直感；六部分的带肋拱顶包围了顶部空间。双耳堂作为英国宗教建筑的特色，在这一阶段被纳入建筑类型学。

温彻斯特大教堂
Winchester, Cathedral

这座大教堂又名圣三一大教堂（Holy Trinity），内部拥有欧洲最长的哥特式教堂中殿。最初的诺曼（Norman）大教堂经过了多次修缮和扩建。

第374页图：教堂外观；右上图：中殿（建于14世纪晚期）；下图：建于1320年的唱诗班席位后方（祭坛后面的空间）。

在14世纪下半叶，坎特伯雷大教堂和温彻斯特大教堂修建了新的垂直风格的中殿。然而，温彻斯特大教堂有其独特之处。1360年，这座建筑开始了立面的设计，这在英国很不寻常，它再现了早期基督教教堂的立面。六年后，这项新建筑的工程中断，直到1394年在威廉·威克姆主教（Bishop William Wykeham）的领导下才得以继续。勇于创新的建筑大师威廉·温福德（William Wynford）出于成本考虑，保留了古老的中殿，并在厚厚的罗马式墙壁上"雕刻"出现代的轮廓和一簇簇立柱。尽管建筑工程完成得如此精妙，但仍能感受到前一幢建筑的规模。

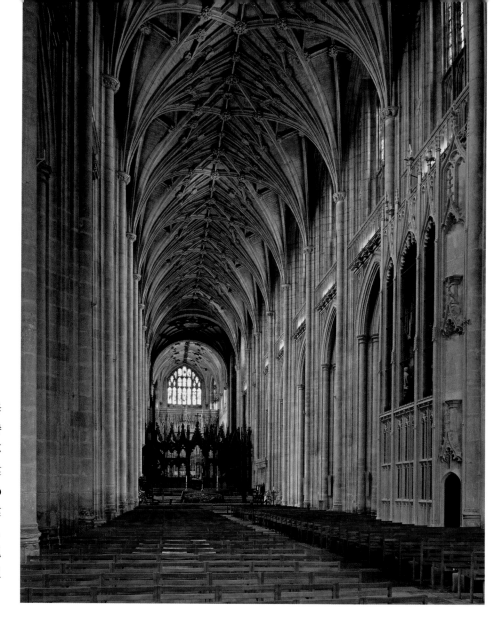

索尔兹伯里大教堂
Salisbury, Cathedral

英国的教堂都矗立在旧城的边缘，旁边没有任何阻碍，其周围环绕着绿色的草坪，起到将其"包围"或"分区"的作用。与法国或德国常见的双塔外立面不同，它们拥有宽阔的外立面，毫无结构逻辑地与中殿相连。英国大教堂的主要入口位于教堂的东北侧，其门廊设计精美。没有什么地方比索尔兹伯里大教堂更能体现这一特点了，因为索尔兹伯里大教堂的西门与整个正面相比显得太过狭小。

这座教堂正式名为童贞荣福圣母马利亚大教堂（The Cathedral of the Blessed Virgin Mary）建于1220—1258年。由于施工时间相对较短，各部分统一为早期英式风格，是英国哥特式（English Gothic）的第一阶段。

右上图：教堂中殿；下图：外观；第377页图：主入口外立面。

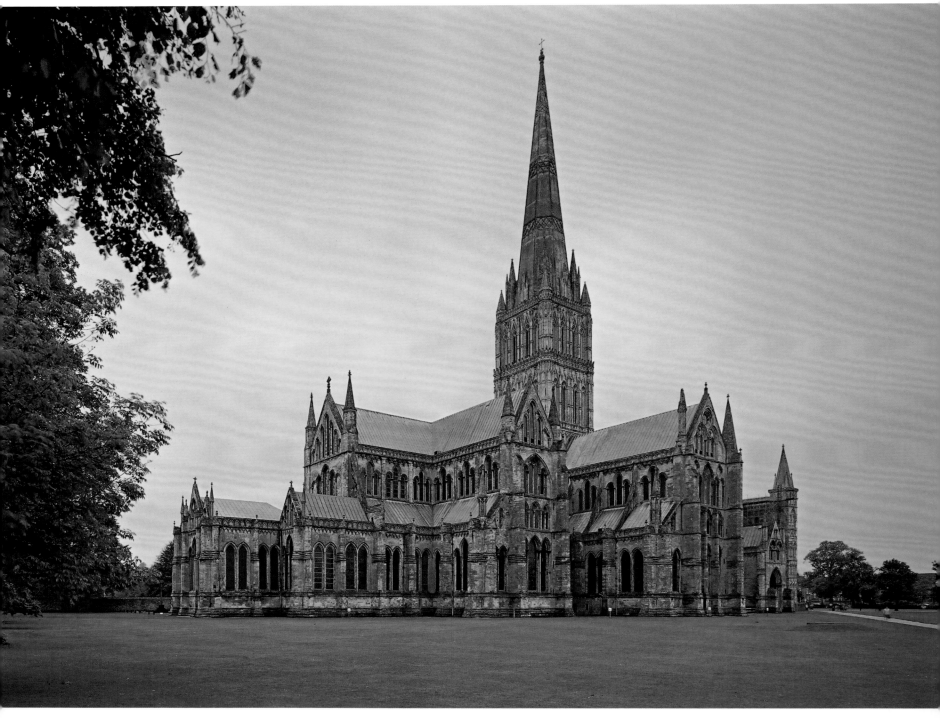

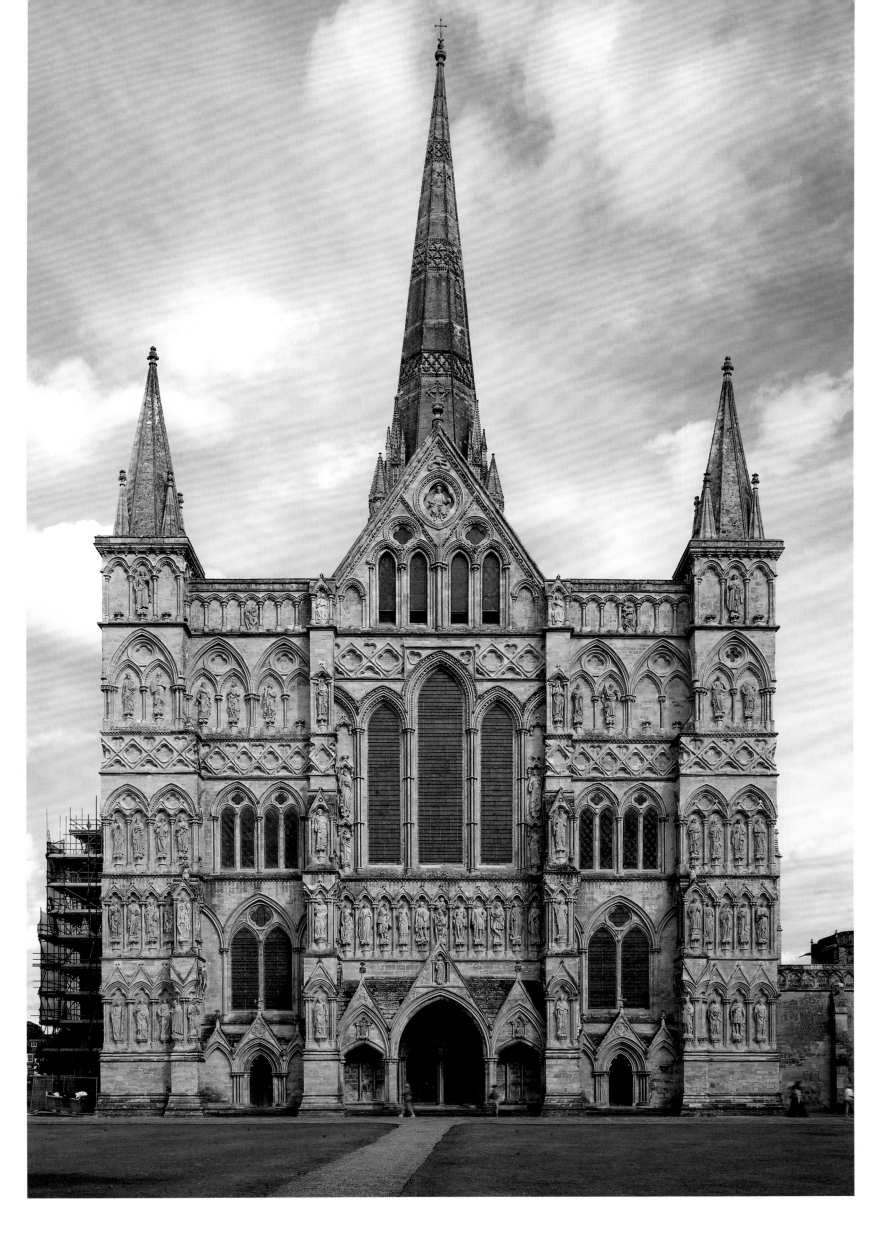

埃克塞特大教堂

Exeter, Cathedral

这座献给圣彼得（St Peter）的大教堂是在13世纪后期以哥特式风格进行重建的。

下图：教堂西立面（始建于1329年）；第379页图：中殿（建于1310年左右）。

这座教堂位于英格兰西南部，其拱顶横跨整个教堂内部。它几乎完全由拱肋组成，不少于十一根的拱肋从立柱延伸出来，像扇子一样向上打开。教堂的西立面是威特尼（Witney）的建筑大师托马斯（Thomas）的作品。晚期哥特式风格已经很明显地展现在眼前：中央窗户的特点是具有精美的弧形窗饰。建筑下部的前方引人注目的雕塑组合渐渐被叠加在一起。它展现了天使、使徒、先知和国王等形象。

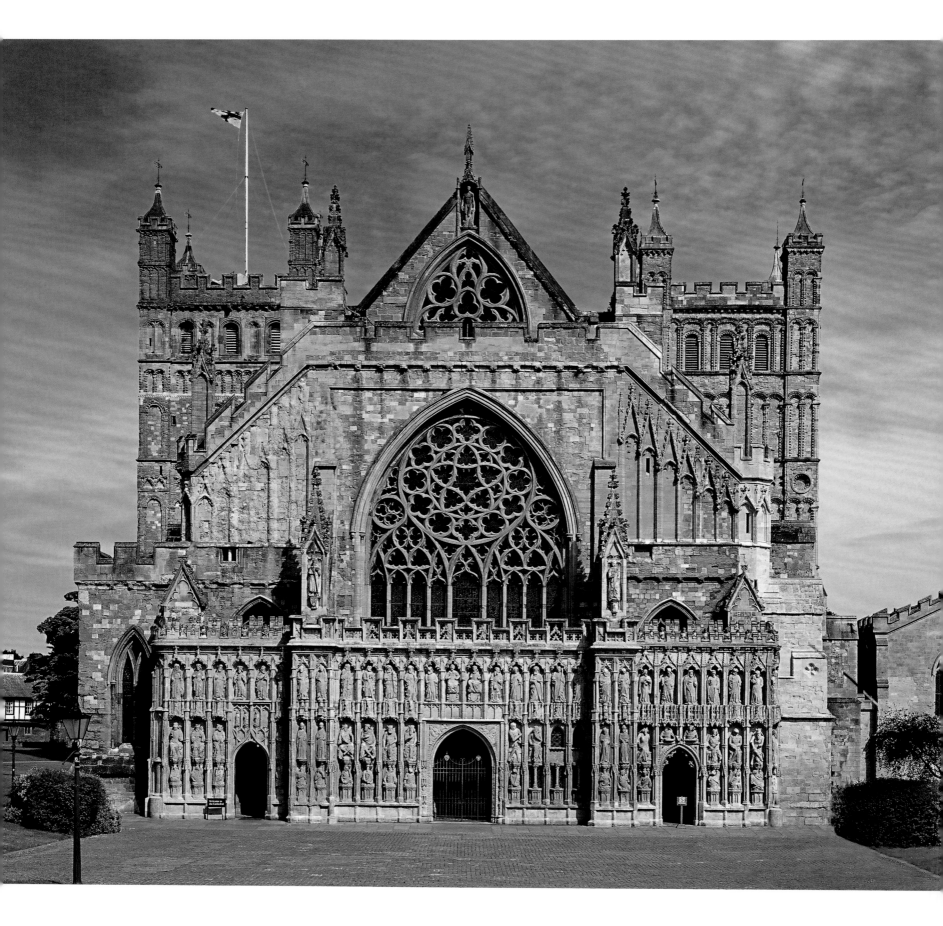

韦尔斯大教堂
Wells, Cathedral

在建于1180—1240年的韦尔斯大教堂中，
英国哥特式建筑的独创性展现得尤为明显。

下图：立面（始建于1230—1240年之间）；
第381页图：带有"剪刀形拱门"的内部。

在这座位于英国西部的大教堂里，对于法国形式的应用
采取了完全独立和原创的方法。在通道的另一边，舍弃了垂
直性的风格，取而代之的是更坚固的墙面。由于静态问题的
需要，十字交叉处的支撑物非常高效而大胆地形成了一个占据
空间的结构——"剪刀形拱门"，这是由建筑大师威廉·乔伊
（William Joy）（1338年后）发明的。韦尔斯大教堂的正面
被认为是同类建筑中"最美丽的"。它被一个精致的网状盲
廊覆盖，在其壁龛中，整个救赎的历史都以雕塑和浮雕的形
式呈现出来。

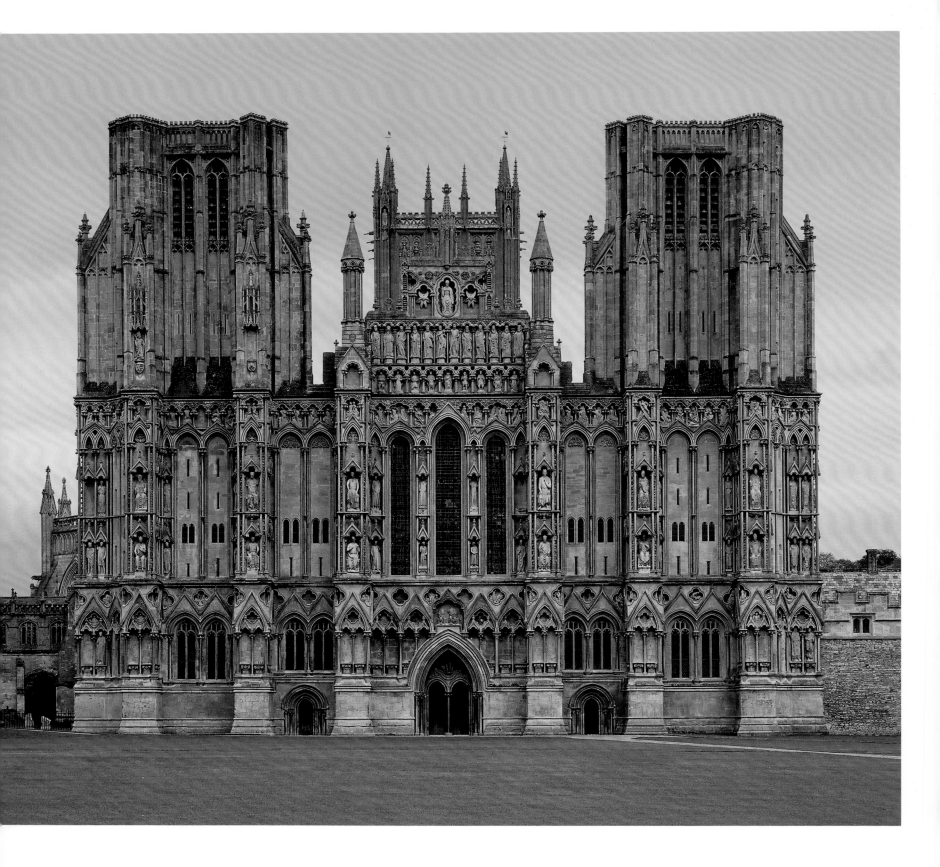

格洛斯特大教堂
Gloucester, Cathedral

作为被谋杀的爱德华二世国王（King Edward II）的埋葬地，格洛斯特大教堂成为一个广受欢迎的朝圣之地。罗马式大教堂向晚期哥特式转换始于1330年。

第382—383页图：南面外观。第384页图：爱德华二世墓（约1330—1335年）；第385页图：唱诗班回廊。

现在的格洛斯特大教堂唱诗班回廊的墙壁装饰开启了英国哥特式的第三阶段，即垂直风格，这可以理解为对装饰风格过度奢华的应对。新的结构基本上是由垂直和水平线组成，组成一个网格，覆盖并连接于建筑表面。从格洛斯特的唱诗班回廊可以看出，新的装饰体系有利于外墙大面积地安装玻璃。教堂中宏伟的爱德华二世墓，用浅色的条纹大理石和深色的珀贝克大理石建成，丝毫没有显露这位英国国王悲惨的结局。

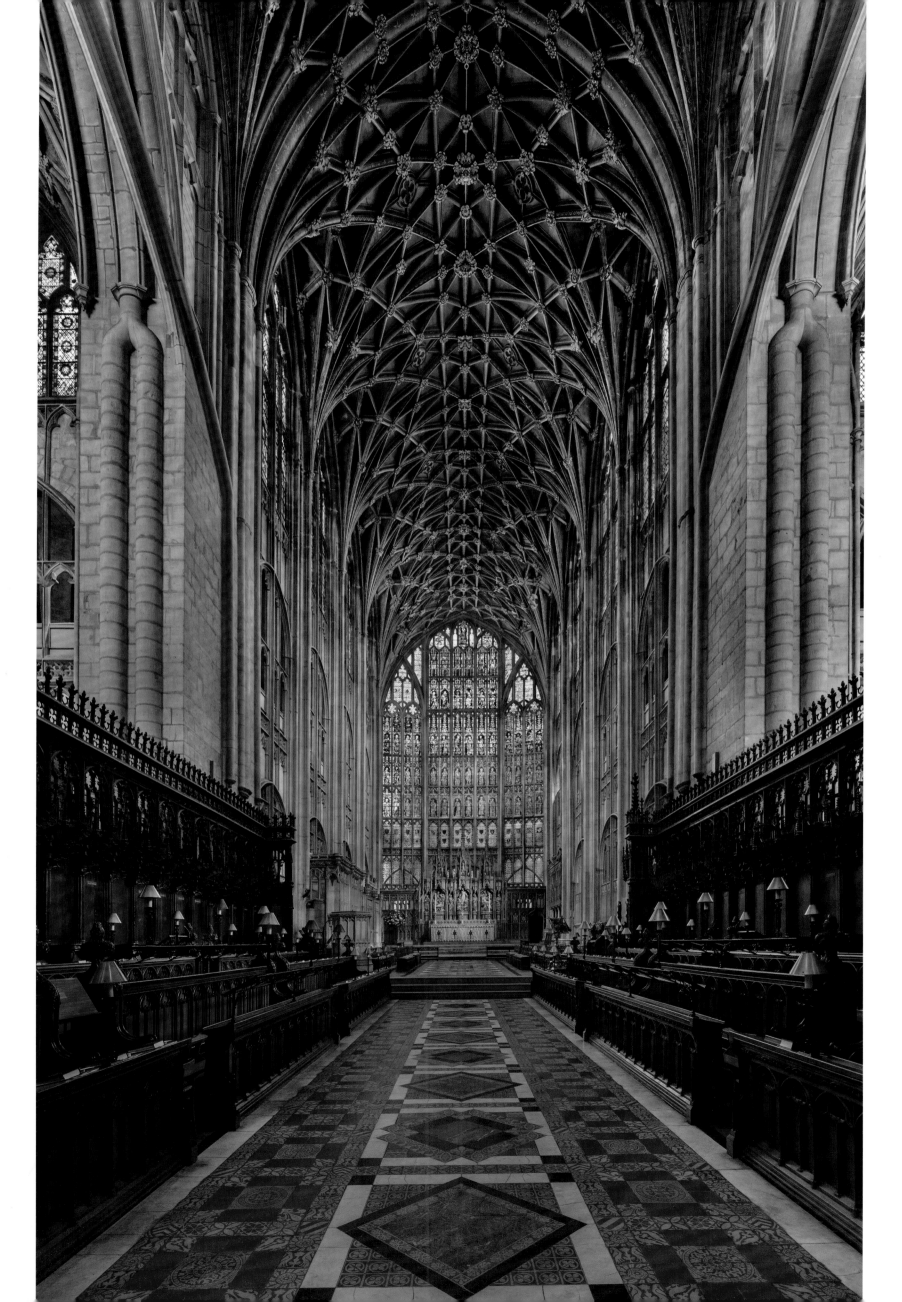

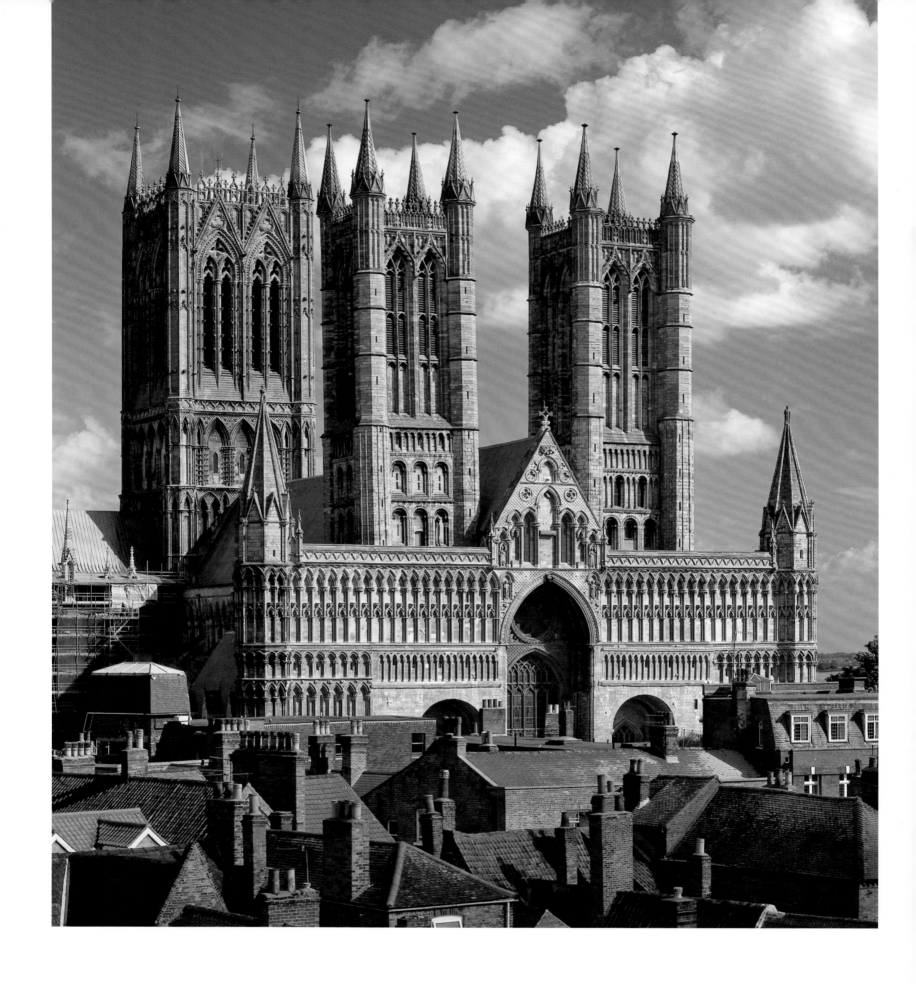

林肯大教堂
Lincoln, Cathedral

林肯大教堂始建于1192年，被认为是早期英式风格的"作坊"，属于英国哥特式的第一阶段。

上图：教堂外观；第387页图：朝东的天使唱诗班席建于1256—1280年。第388、389页图：圣休唱诗班席（St Hugh's Choir）的"疯狂的拱顶"，建于1192—1210年。

休主教（Bishop Hugh）是来自格勒诺布尔（Grenoble）的前加尔都西会（Carthusian）教士，他负责主教座堂的重建工作。教堂不仅在装饰上使用了深色的珀贝克大理石，而且以坎特伯雷大教堂为范例。然而，在想象力方面，林肯大教堂要远远超过坎特伯雷大教堂。因此，人们在圣休的唱诗班席中发现了"疯狂的拱顶"，此名来源于拱肋交错分布在隔间的设计。内部唱诗班席后面的天使唱诗班席代表了威斯敏斯特大教堂所尝试的主题进一步发展：在这里，唱诗班席传统的坚固的东墙插入了一扇八窗格的盛期哥特式石雕花格窗。

彼得伯勒大教堂
Peterborough, Cathedral

这座前本笃会修道院的西侧在引人注目的英国建筑立面中占据着特殊的位置。

第390页图：西侧立面（约1200年）；右图：中殿采用中世纪木质天花板（12世纪后期）。第392页图：唱诗班席；第393页图：位于十字交叉处的采用装饰风格的塔楼拱顶，13世纪被彻底重建。

现在这个中部城市的大教堂建于1118年，建筑工程一直持续到12世纪末。最出彩的是西立面的建造，它像凯旋门一样展开，形成三个具有纪念意义的拱廊。罗马式的建造方式显然在这里延续了下来，天堂之门（Gates of Heaven）的典故会浮现在游客的脑海中。不同于韦尔斯大教堂或索尔兹伯里大教堂，这里只有很少的空间留给雕塑装饰，这些塔看起来也像装饰品。该建筑的内部广泛保留了12世纪诺曼风格，但不可否认的是，这里的内部唱诗班席也增加了晚期哥特式复古唱诗班席（新建筑）。唱经楼席位的后部有一个精致的扇形拱顶。

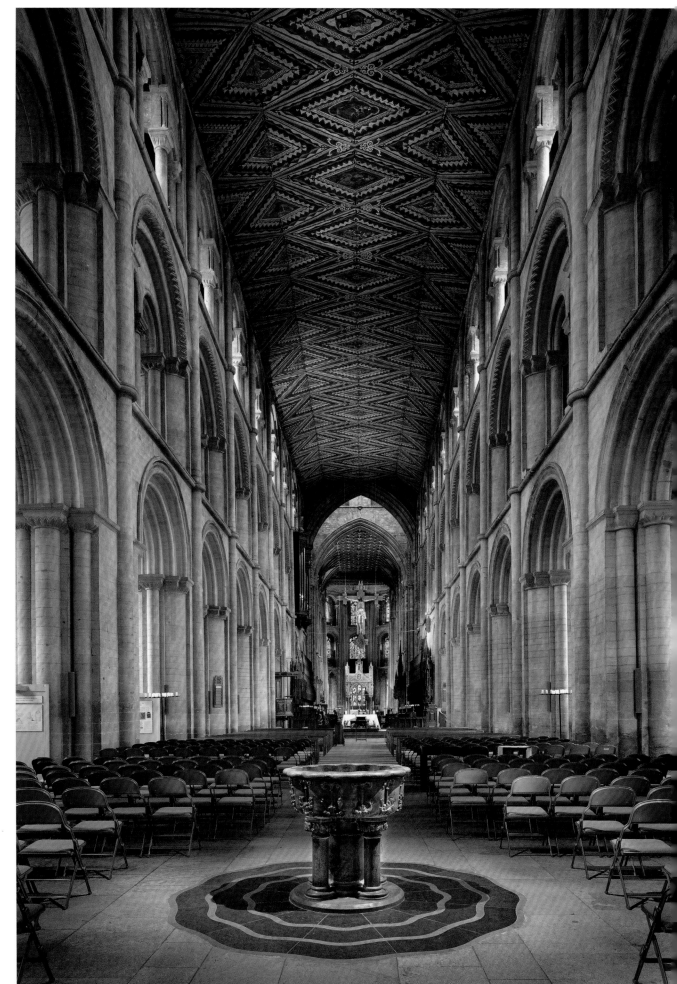

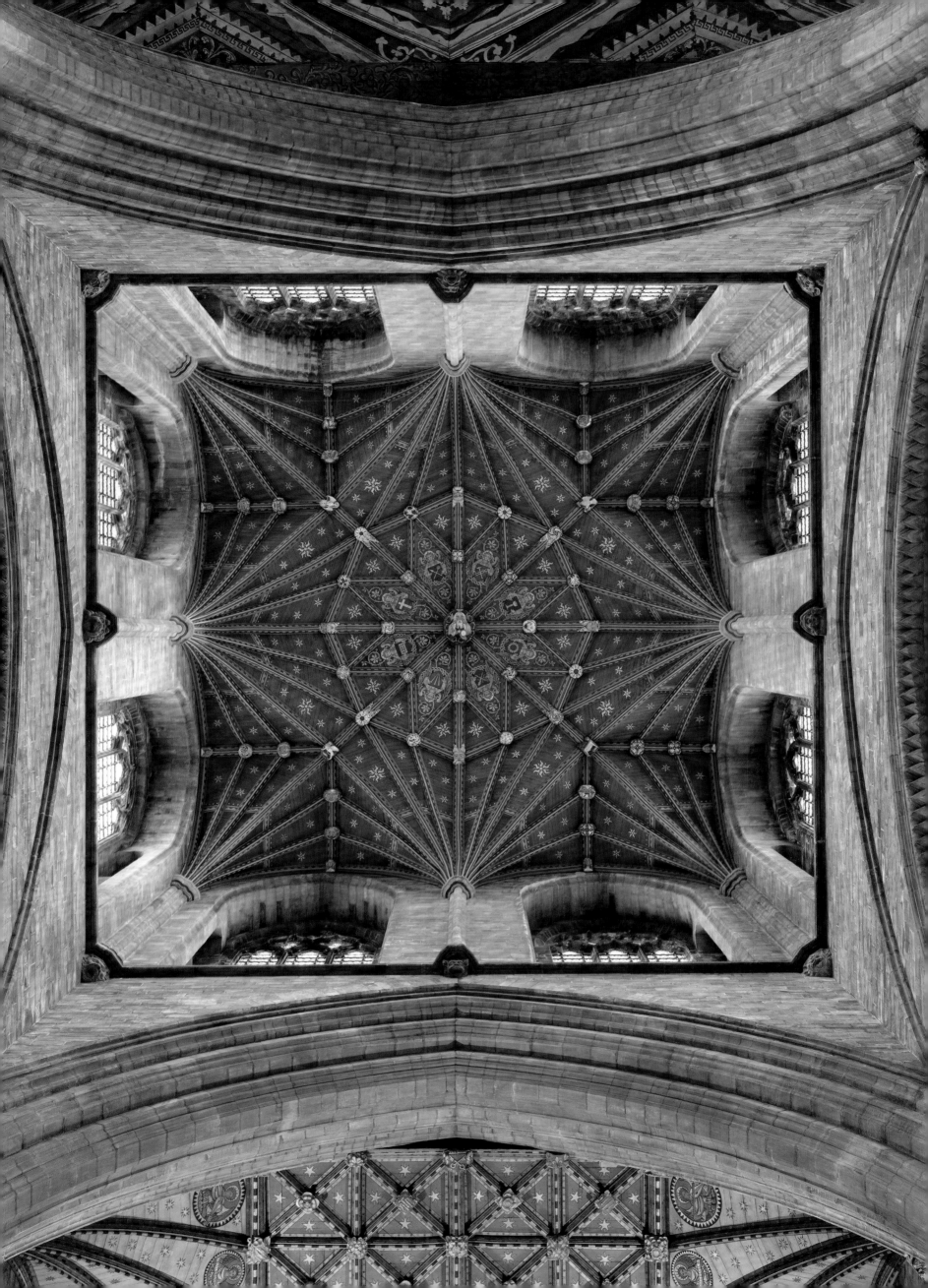

伊利大教堂
Ely, Cathedral

伊利大教堂的主要建筑物特点以装饰风格为主。

下图：中央中殿（建于12世纪）；第394—395页图：西北方向外侧。第396页图：圣母礼拜堂（the Lady Chapel），建于1321—1349年；第397页图：位于十字交叉处的塔楼，建于1328—1340年。

　　伊利本笃会大教堂的历史可以追溯到7世纪。现存的教堂是由第一任诺曼修道院院长西米恩（Simeon）于1083年负责开始修建的；1109年，它获得了主教座堂的地位。三通道的中殿共有十三个跨间，因此面积巨大，但这对于盎格鲁-诺曼（Anglo-Norman）建筑来说并不罕见。在1322年的一场火灾后，位于十字交叉处的塔楼倒塌，取而代之的是一座巨大的八角形的重达400吨的木材结构，外面涂了一层铅。圣母礼拜堂的装饰细节也同样壮观，宏伟的雕塑和微型建筑都曾被精心彩绘过。

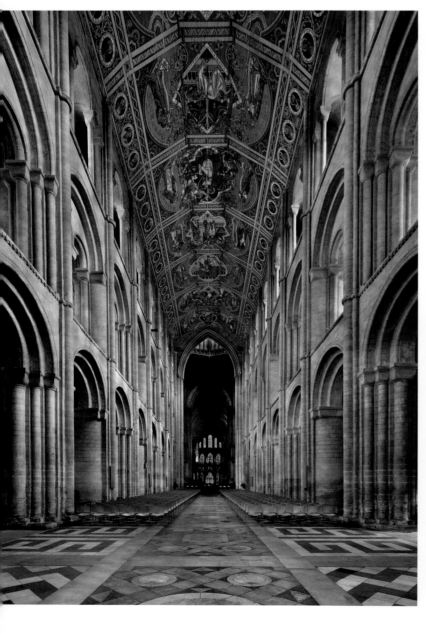

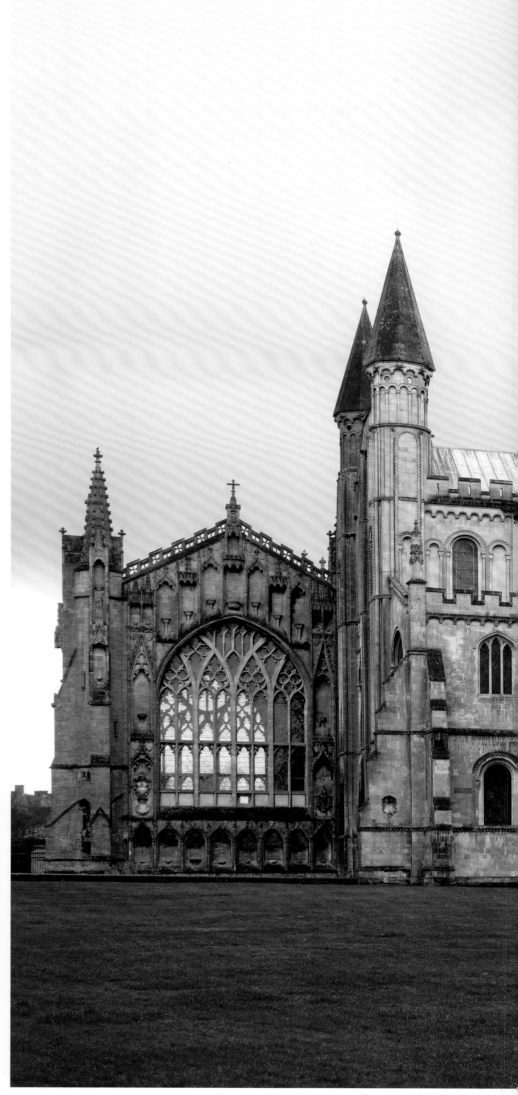

剑桥国王学院礼拜堂

Cambridge, King's College Chapel

在13和14世纪，大教堂主导建筑风格的发展，而学院则从15世纪起承担了这一角色。这些学院大多是由王室建立，设施精良，这些学院的礼拜堂是王室的墓地。剑桥国王学院礼拜堂有着精致的花饰、金银丝条栅栏和令人惊叹的扇形拱顶，是有史以来建造的数一数二美丽的宗教圣地。礼拜堂由亨利六世（Henry VI）于1446年建立，雷金纳德·埃利大师（Master Reginald Ely）提供了建造计划，并指导建筑工程，直至开始建造拱顶为止。16世纪初，约翰·沃斯特尔（John Wastell）最终获得了用其独特的拱顶来完成这项工程的特权。

建于1416—1515年的国王学院礼拜堂是英国哥特式建筑的巅峰之作，同时也是英国哥特式建筑的终点。

下图：礼拜堂外立面（位于大学校园内）；第399页图：中殿内部。

图书在版编目（CIP）数据

神圣之美：欧洲教堂艺术／（德）罗尔夫·托曼编著；（德）芭芭拉·博恩格塞尔撰文；
（德）阿希姆·贝德诺尔茨摄影；郭浩南，杨声丹译. —武汉：华中科技大学出版社，2019.10
ISBN 978-7-5680-5596-3

Ⅰ.①神… Ⅱ.①罗… ②芭… ③阿… ④郭… ⑤杨… Ⅲ.①教堂－建筑艺术－欧洲 Ⅳ.①TU252

中国版本图书馆CIP数据核字（2019）第182384号

© for this Chinese (Simplified Chinese) edition: Huazhong University of Science and
Technology Press Co., Ltd., 2019
© original edition: h.f.ullmann publishing GmbH
Photo Credits:
© Bildarchiv Monheim 378
© Rheinishces Bildarchiv, Cologne
Map production:
© StepMap GmbH, Berlin 10, 48, 76, 102, 138, 178, 212, 254, 296, 330, 362
Editing and production: Rolf Toman, Thomas Paffen
Photographs: Achim Bednorz

Chinese edition © 2019 Huazhong University of Science and Technology Press

简体中文版由h.f.ullmann publishing GmbH授权华中科技大学出版社有限责任公司在
中华人民共和国境内（但不含香港特别行政区、澳门特别行政区和台湾地区）出版、发行。
湖北省版权局著作权合同登记　图字：17-2019-164号

神圣之美：欧洲教堂艺术
Shensheng zhi Mei Ouzhou Jiaotang Yishu

[德] 罗尔夫·托曼 编著　[德] 芭芭拉·博恩格塞尔 撰文
[德] 阿希姆·贝德诺尔茨 摄影　郭浩南 杨声丹 译

出版发行：华中科技大学出版社（中国·武汉）
电话：(027) 81321913
北京有书至美文化传媒有限公司
电话：(010) 67326910-6023
出 版 人：阮海洪

责任编辑：莽 昱　舒 冉
责任监印：徐 露　郑红红　　　　封面设计：邱 宏

制　　作：北京博逸文化传播有限公司
印　　刷：北京汇瑞嘉合文化发展有限公司
开　　本：787mm×1092mm　1/8
印　　张：50
字　　数：80千字
版　　次：2019年10月第1版第1次印刷
审 图 号：GS (2019) 3095号
定　　价：398.00元